青蟹生物学与
养殖技术

黄伟卿 ◎ 主编

中国农业出版社
北 京

内 容 简 介

　　青蟹隶属节肢动物门（Arthrbpoda）、甲壳纲（Crustacea）、十足目（Decapoda）、梭子蟹科（Portunidae）、青蟹属（*Scylla*）。青蟹是一种生长快、个体大、适应性强、养殖周期短的较大型蟹类，是我国开展人工养殖的珍贵水产品之一。本书共分六章，包括青蟹的概述、生物学特性、苗种生产、成蟹养殖技术、营养需求及饲料、病害与防治等内容。可作为水产养殖专业教学用书，也可供有关科研技术人员和养殖户参考。

本书编写人员

主　　编　黄伟卿

副 主 编　丁建发　韩坤煌　阮少江　周逢芳　张　艺

编写人员　（按姓名汉语拼音排序）

丁建发（宁德师范学院）

韩坤煌（宁德师范学院）

黄伟卿（宁德师范学院、宁德市鼎诚水产有限公司）

林培华（宁德市鼎诚水产有限公司）

阮少江（宁德师范学院）

王兴春（福建省闽东水产研究所）

谢伟铭（宁德市生产力促进中心）

张　艺（宁德市水产技术推广站）

曾宪源（宁德师范学院）

钟传明（福建省水产技术推广总站）

周逢芳（宁德师范学院）

周银珠（宁德师范学院）

前　言

　　青蟹隶属节肢动物门（Arthrbpoda）、甲壳纲（Crustacea）、十足目（Decapoda）、梭子蟹科（Portunidae）、青蟹属（*Scylla*），俗称蚜，属广盐、广温、暖水性的甲壳类动物。在我国主要分布在长江以南的上海、浙江、福建、广东、广西、海南、台湾等省（自治区、直辖市）的沿海地区。青蟹是一种生长快、个体大、适应性强、养殖周期短的较大型蟹类，同时具有较高的营养、药用和工业价值。近几年，随着广东、福建、浙江等省在青蟹养殖技术上取得了不断进步，青蟹已成为我国开展人工养殖的珍贵水产品之一。至 2018年，青蟹养殖产量达 15.8 万 t，已初具规模化。

　　《青蟹生物学与养殖技术》为宁德师范学院"闽东乡村振兴"系列教材，是在 2019 年度宁德师范学院校本教材建设项目（宁师院教〔2020〕1 号），福建省教育厅"精准扶贫与反返贫研究中心"智库项目（闽教科〔2018〕50 号），福建省财政专项研究课题《福建海洋经济强省建设研究》［闽财（教）指〔2014〕78 号］，福建实施乡村振兴战略科技支撑路径与突破口研究（2019R0091），福建省星火项目"红膏蟹工厂化培育技术示范与推广"（2016S0055）、"陆基集约化养殖青蟹技术研究与推广"（2019S0049），福建省农业引导性（重点）项目"人工菌藻环境工厂化养殖拟穴青蟹技术及营养成分研究与应用"（2018N0027），福建省公益类科研院所专项"拟穴青蟹工厂化养殖及其配套关键技术研究"（2018R1037-1），中央引导地方发展项目"拟穴青蟹产业化技术体系创新与推广"（2020L3040015），宁德师范学院教学改革研究项目"水产养殖实习实行产学研合作教育模式的实践教学改革研究"（JG2019008）等项目支持下进行的。

　　本书共分六章，包括青蟹产业的概述、生物学特性、苗种生产、成蟹养殖技术、营养需求及饲料、病害与防治等内容。可作为水产养殖专业教学用书，也可供有关科研技术人员和养殖户参考。

本书由宁德师范学院、宁德市鼎诚水产有限公司、福建省闽东水产研究所、宁德市水产技术推广站、福建省水产技术推广总站和宁德市生产力促进中心单位联合编写，黄伟卿和丁建发统稿。具体分工如下：第一章第一、二节由阮少江编写，第三节由谢伟铭编写；第二章和第三章由丁建发编写；第四章由黄伟卿编写；第五章第一、二节由周逢芳编写，第三节由钟传明和曾宪源编写，第四节由王兴春编写；第六章由韩坤煌和张艺编写；附录和参考文献部分由周银珠和林培华编写。同时，在编写的过程中宁波大学海洋学院青蟹繁育团队对本书提供了许多宝贵的意见和大量的资料，谨此表示感谢！

由于编者知识所限，书中难免存在一些问题和不足，敬请读者批评指正。

编　者

2020 年 9 月

目 录

前言

第一章 概述 ……………………………………………………… 1

第一节 青蟹的分类地位及种类组成 ……………………………… 1

一、分类地位及地理分布 ………………………………………… 1

二、种类组成 ……………………………………………………… 1

第二节 青蟹的价值 ……………………………………………… 2

一、经济价值 ……………………………………………………… 2

二、营养价值 ……………………………………………………… 2

三、药用价值 ……………………………………………………… 2

四、工业价值 ……………………………………………………… 2

第三节 青蟹的产业情况与发展前景 ……………………………… 2

一、产业现状 ……………………………………………………… 2

二、存在问题 ……………………………………………………… 4

三、发展前景 ……………………………………………………… 5

第二章 青蟹的生物学特性 ……………………………………… 6

第一节 青蟹的形态特征 ………………………………………… 6

一、外部形态特征 ………………………………………………… 6

二、内部形态特征 ………………………………………………… 9

第二节 青蟹属种类鉴别 ………………………………………… 14

一、形态特征 ……………………………………………………… 14

二、遗传距离差异 ………………………………………………… 15

第三节 青蟹的生态习性及对环境的适应性 ……………………… 16

一、生态习性 ……………………………………………………… 16

二、环境的适应性 ………………………………………………… 20

第四节　青蟹的发育 …………………………………………… 21

　　一、性腺发育 …………………………………………… 21

　　二、胚胎发育 …………………………………………… 24

　　三、幼体发育 …………………………………………… 32

第三章　青蟹苗种生产 …………………………………………… 39

第一节　苗种生产场地基本条件 ………………………………… 39

　　一、场地的环境条件 …………………………………… 39

　　二、设施设备 …………………………………………… 39

第二节　亲蟹的培育 ……………………………………………… 42

　　一、亲蟹来源 …………………………………………… 42

　　二、亲蟹的选择与运输 ………………………………… 43

　　三、亲蟹的培育 ………………………………………… 43

第三节　全人工青蟹苗种培育 …………………………………… 45

　　一、工厂化苗种培育技术 ……………………………… 45

　　二、池塘生态苗种培育技术 …………………………… 47

第四节　自然青蟹苗种采捕 ……………………………………… 48

　　一、采捕季节 …………………………………………… 49

　　二、采捕方法 …………………………………………… 49

　　三、天然蟹苗的选择 …………………………………… 49

　　四、蟹苗鉴别 …………………………………………… 50

第五节　稚蟹的培育 ……………………………………………… 51

　　一、培育前的准备 ……………………………………… 51

　　二、培育管理 …………………………………………… 52

　　三、出池、计数与运输 ………………………………… 52

第四章　成蟹养殖技术 …………………………………………… 54

第一节　池塘无公害养殖技术 …………………………………… 54

　　一、养殖设施 …………………………………………… 54

　　二、放养前准备 ………………………………………… 55

　　三、蟹苗放养 …………………………………………… 56

　　四、日常管理 …………………………………………… 58

第二节　青蟹生态混养技术 ……………………………………… 61

　　一、青蟹与对虾混养 …………………………………… 61

　　二、青蟹与鱼类混养 …………………………………… 62

　　　　三、青蟹与贝类混养 ································· 63

　　　　四、青蟹与江蓠混养 ································· 65

　　第三节　室内工厂化循环水立体化养殖技术 ········· 65

　　　　一、养殖设施 ······································· 65

　　　　二、苗种放养 ······································· 67

　　　　三、日常管理 ······································· 67

　　　　四、养殖实例 ······································· 67

　　第四节　其他养成技术 ····························· 68

　　　　一、高涂蓄水养成技术 ····························· 68

　　　　二、浅海笼养养成技术 ····························· 69

　　　　三、"菌-藻"工厂化养成技术 ····················· 71

　　第五节　青蟹育肥（膏）养殖技术 ················· 72

　　　　一、养殖设施 ······································· 72

　　　　二、育肥用蟹种的选择 ····························· 73

　　　　三、雌蟹性腺成熟度鉴别 ··························· 74

　　　　四、育肥季节与方法 ······························· 74

　　　　五、日常管理 ······································· 75

　　第六节　青蟹软壳蟹养殖技术 ····················· 76

　　　　一、养殖设施 ······································· 76

　　　　二、软壳蟹用蟹种的选择 ··························· 76

　　　　三、日常管理 ······································· 77

　　　　四、加工与冷藏 ··································· 77

　　第七节　青蟹越冬暂养技术 ······················· 77

　　　　一、养殖条件 ······································· 77

　　　　二、放养前准备 ··································· 78

　　　　三、暂养蟹种的选择 ······························· 78

　　　　四、苗种放养 ······································· 79

　　　　五、日常管理 ······································· 79

　　第八节　收获、捆绑与储运 ······················· 79

　　　　一、收获 ··· 79

　　　　二、捆绑 ··· 81

　　　　三、储运 ··· 82

第五章　青蟹的营养需求及饲料 ····················· 83

　　第一节　青蟹的营养组成（以锯缘青蟹为例） ······· 83

　　一、雌雄蟹可食部分 ……………………………………… 83

　　二、一般营养成分 ………………………………………… 83

　　三、氨基酸含量 …………………………………………… 84

　　四、脂肪酸含量 …………………………………………… 85

　　五、无机元素含量 ………………………………………… 86

　　六、总胆固醇含量 ………………………………………… 87

　第二节　青蟹的营养需求 …………………………………… 87

　　一、青蟹对蛋白质及氨基酸的营养需求 ………………… 87

　　二、青蟹对脂类及脂肪酸的营养需求 …………………… 88

　　三、青蟹对碳水化合物的营养需求 ……………………… 90

　　四、亲体对营养的需求 …………………………………… 91

　第三节　青蟹对天然饵料的开发与利用 …………………… 91

　　一、微绿球藻的规模化培养 ……………………………… 92

　　二、褶皱臂尾轮虫的规模化培养 ………………………… 94

　　三、卤虫无节幼体的孵化与收集 ………………………… 100

　第四节　青蟹人工配合饲料的研制 ………………………… 101

　　一、人工配合饲料研制关键技术 ………………………… 101

　　二、人工配合饲料的应用 ………………………………… 102

第六章　青蟹的病害与防治 ………………………………… 105

　第一节　甲壳类的免疫系统 ………………………………… 105

　　一、细胞免疫 ……………………………………………… 106

　　二、体液免疫 ……………………………………………… 107

　第二节　甲壳类的病害诊断方法 …………………………… 109

　　一、传统的诊断方法 ……………………………………… 109

　　二、免疫学方法 …………………………………………… 110

　　三、电子显微镜技术 ……………………………………… 110

　　四、分子生物学方法 ……………………………………… 111

　第三节　青蟹主要病害防治 ………………………………… 111

　　一、病毒性疾病 …………………………………………… 111

　　二、细菌性疾病 …………………………………………… 115

　　三、寄生虫病 ……………………………………………… 118

　　四、其他病害 ……………………………………………… 120

　第四节　青蟹养殖病害的综合防治 ………………………… 122

　　一、挑选健康苗种 ………………………………………… 123

二、加强日常管理 ··· 123

附录 ·· 125

附录 1　无公害食品　海水养殖用水水质 ························· 125

附录 2　农产品安全质量　无公害水产品产地环境要求 ········· 129

附录 3　三门青蟹养殖技术规范 ······································ 131

附录 4　无公害食品　锯缘青蟹养殖技术规范 ················· 146

附录 5　无公害食品　渔用药物使用准则 ························ 152

附录 6　海水密度盐度查对表 ·· 159

参考文献 ··· 161

第一章　概　述

第一节　青蟹的分类地位及种类组成

一、分类地位及地理分布

青蟹隶属节肢动物门（Arthrbpoda）、甲壳纲（Crustacea）、十足目（Decapoda）、梭子蟹科（Portunidae）、青蟹属（*Scylla*），俗称红蚶（闽）、膏蟹（粤）和乐蟹（海南）、蝤蛑（浙南）、泥蟹（菲律宾等国家），属广盐、广温、暖水性的甲壳类动物。

青蟹广泛分布于印度-西太平洋地区，包括日本、中国、印度，东南亚、东非、南非以及澳大利亚等地。在我国主要分布在长江以南的上海、浙江、福建、广东、广西、海南、台湾等省（自治区、直辖市）。

二、种类组成

关于青蟹属的分类长期存在着两种争议。一种观点认为，根据甲壳、螯足等部位的花纹有无、额齿的形状、刚毛以及栖息地点等差异，青蟹属可分为锯缘青蟹（*S. serrata*）、榄绿青蟹（*S. olivacea*）、紫螯青蟹（*S. tranquebarica*）3个种和拟穴青蟹（*S. paramamosain*）（Estampador，1949）1个亚种；另一种观点则认为，这些差异主要是环境不同所造成的影响，尚不足以形成独立的种，至多形成不同的地理种群，故将青蟹属蟹类统归为锯缘青蟹（*S. serrata*）（Stephenson 和 campbell，1960）。在我国，青蟹为1属1种的观点，即锯缘青蟹（*S. serrata*）被长期沿用。1998年以来，随着分子生物学技术的应用，国内外学者采用同工酶、分子标记等现代生物技术并结合形态、生态学特征，对青蟹现有的种类进行分类鉴定，确认青蟹属有4个种，即拟穴青蟹（*S. paramamosain*）、锯缘青蟹（*S. serrata*）、榄绿青蟹（*S. olivacea*）和紫螯青蟹（*S. tranquebarica*）。其中，分布于中国沿海的主要是拟穴青蟹（*S. paramamosain*），后3种仅在我国北部湾沿海有少量发现。

第二节 青蟹的价值

一、经济价值

青蟹具有生长快、个体大、适应性强、养殖周期短的特点，是一种较大型的海产蟹类，最大的个体可达 2kg。2019 年，海水养殖产量近 16.06 万 t（《2020 中国渔业统计年鉴》），市场上常年保持在 120～360 元/kg，具有较高的经济价值。

二、营养价值

青蟹肉质鲜嫩，味道鲜美，营养相当丰富，每 100g 蟹肉中含蛋白质 15.5g、脂肪 2.9g、碳水化合物 8.5g、钙 380mg、磷 340mg、铁 10.5mg。此外，还含有核黄素、硫胺素和尼克酸等多种维生素。雌蟹生殖腺成熟时的膏蟹，其蛋白质、脂肪、糖类、钙、磷、铁及维生素含量更为丰富。

三、药用价值

《本草纲目》记载，青蟹具有健肾壮腰、养心补脾之功效；《中国药用动物志》记载，青蟹具有治产后腹痛、水肿、乳汁不足等药用功效；《中国药用海洋生物》记载，青蟹具有滋补、消肿等功效，蟹壳具有活血化瘀、治食虾过敏和治产后宫缩痛及恶露多等药用功效。尤其是交配后性腺成熟的雌性青蟹有"海中人参"之美誉，是产妇、老幼和身体虚弱者的高级滋补品。

四、工业价值

青蟹外壳可用以提炼甲壳素，是一种用途广泛的工业原料。

第三节 青蟹的产业情况与发展前景

一、产业现状

1. 苗种繁育技术 青蟹胚胎孵化后经过溞状幼体（共 5 期，也有将其细分为 6 期）和大眼幼体的发育，变态成为仔蟹。青蟹人工育苗的育成率极低，一般不到 10%，后期溞状幼体和大眼幼体变态为仔蟹的存活率更低，一般不到 5%。在"十五"计划期间，厦门大学承担了国家 863 项目"青蟹大规模人工育苗技术研究"，建立了溞状幼体阶段性育苗模式，第一期溞状幼体到第五期溞状幼体的成活率达 90%；研发了专用的中间培育设施，第五期溞状幼体变态为仔蟹的成活率达 30%～50%，这是国内外青蟹人工育苗的最好成绩。

目前，从福建、浙江等地收集到的信息来看，青蟹育苗还存在一些问题，制约了育苗的顺利开展和苗种产量的提高。存在的主要问题是，亲蟹培育技术和幼体各发育阶段的培养技术尚未真正掌握，加上病害问题，使得许多单位进行的育苗尝试结果均不理想。

2. 养成技术 目前在我国，青蟹养成模式仍然以池塘养蟹为主。池塘养蟹又可分为单品种青蟹养殖和多品种混合养殖等方式。青蟹养殖最主要的模式为池塘混养，如蟹鱼混养、蟹虾混养、蟹贝混养、蟹藻混养等形式。可以单品种混养，也可以多品种混养。福建省有面积约 $1.35 \times 10^4 \, hm^2$ 的海水虾池混养青蟹。广东、浙江等地开展的坛养、围栏、围网、吊笼养殖方式，以及近年来兴起的"蟹公寓"工厂化蟹笼养殖模式正逐步形成规模。

青蟹苗种主要来自海区捕捞。夏苗放养一般在 5—6 月，放养白苗（第一期仔蟹）和黑苗（第二期仔蟹）时，其放养密度为 $2 \sim 4$ 只$/m^2$；如果是更大规格的苗种，其放养密度则相应减少。经 $3 \sim 4$ 个月养殖后，当年能达商品蟹规格；秋苗放养一般在 9—10 月，越冬养殖至翌年 5—6 月，可达商品规格。目前人工苗种所占的份额很少，但深受养殖户的欢迎，其原因是人工苗种的成活率高、生长迅速、蜕壳同步整齐、饲料节省和易于收捕。青蟹饲料一般为低值的贝类和小杂鱼虾等，目前尚未开发专用的配合饲料。大多数养殖区青蟹养殖成活率一般为 5%～10%，平均亩*产量在 50kg 以内。整体上，青蟹养殖的池塘条件较差，养殖管理技术缺乏标准和规范，养殖方式尚为粗放式，经济效益较低，还没有形成规模化和集约化的养殖。

青蟹育膏，是提高附加值的一种养殖方式。用于促膏育肥的青蟹，一般个体甲壳宽 $12 \sim 13cm$，体重 200g 左右，放养前都要进行分等别类。按养殖习惯，雌蟹可分为以下几种：①白蟹，指未交配、未受精的雌蟹，俗称"白蟹"或"空母"，这种雌蟹要与雄蟹继续混养，待雌蟹受精后将雄蟹挑出，让雌蟹养成膏蟹；②奅蟹，指受精不久的雌蟹，俗称"奅母"或"奅蟹"，有一道半月形的卵巢腺，再经 $30 \sim 40d$ 的精养，即可育成红膏蟹；③花蟹，指受精近 1 个月的雌蟹，俗称"花蟹"，卵巢随着发育逐渐扩大，但尚未充满甲壳的边缘，再经 $15 \sim 20d$ 的精养，可育成红膏蟹。放养密度则根据池塘状况、换水条件、饵料来源以及所放养的青蟹个体大小等具体情况确定。近年来，由于病害传播，红膏蟹死亡率较高。目前，福州、漳州等地的从业者已有所减少。

近年来，软壳青蟹培育开始受到重视并已尝试开展。软壳青蟹就是刚蜕完壳的青蟹，蟹体呈柔软状态，肢体下垂无力，宛如豆腐一般。蜕壳后的青蟹形体较原来可以增加 1 倍，体重可以增加 60% 以上。在自然条件下，$6 \sim 7h$ 后其

---

* 亩为非法定计量单位，1 亩＝$1/15hm^2$。——编者注

壳逐渐硬化，3~4d 后新壳全部硬化。在青蟹养殖旺季时，软壳青蟹市场价格达 200~300 元/kg，比普通青蟹的价格高出 1 倍以上，经济效益十分显著。选用的商品蟹规格在 150~300g 最为适宜。根据青蟹的蜕皮周期，可将青蟹划分等级培育，以方便管理和及时分选软壳蟹。为了提高成活率，通常采用单只笼培育，保证软壳蟹不被同类残杀，从而提高商品率。

3. 病害防治 青蟹的病害是造成养殖青蟹减产的主要原因。每年初夏和中秋是青蟹的病害高发时期，特别是在气候突变与不良环境条件叠加时其病害更易发生。近年来，有些养殖区还出现了病因不明的暴发性死亡。2008 年，全国水产技术推广总站养殖病害的公告表明，全国养殖青蟹因病害造成的损失约为 2.3 亿元。其中，福建省损失最为严重，占总损失量的 98.8%，平均发病率和死亡率达 100% 和 56%。目前，较为常见的疾病有弧菌病、纤毛虫病、黑鳃病、白芒病、黄芒病、红芒病、蜕壳不遂。迄今尚缺乏针对性的药物和防治技术，只能通过养殖环境的调控来预防病害发生。

4. 遗传育种 福建省在国内率先开展了青蟹良种的选育工作。厦门大学在"十一五"期间就开展了青蟹遗传育种的研究。主要完成：①确认了青蟹属有 4 个种；②通过等位酶分析，RAPD、AFLP、SSR 标记，发现我国拟穴青蟹具有 2 个遗传分化的种群，即北方种群和南方种群；③目前已经初步选育出 2 个拟穴青蟹新品系，Sr 品系和 Sp 品系。其中，Sr 品系在我国青蟹分布区偏南、温度较高的区域生长速度较快；Sp 品系在我国青蟹分布区偏北、温度较低的区域生长速度较快。所培育的 2 个品系比对照群体在壳长、壳宽、体重等方面都显示出优势。

二、存在问题

1. 苗种问题 苗种是影响产业发展的首要问题。目前，青蟹苗种主要来自海区捕捞。海区苗种数量丰歉波动很大，有时为了凑齐一定数量的蟹苗进行整批运输，通常蟹苗需要数天甚至 1 周以上的时间暂养。在此期间，这些海区蟹苗没有投喂饵料，一直处于饥饿状态，由于过度饥饿，甚至过了营养耐受恢复点，这些蟹苗看似是活的，但入池后成活率很低，苗种质量难以保证。此外，养殖区苗种来源混乱，本地海区苗种供应难以保障，养殖户大多是由外海区调苗，南苗北运和北苗南运是经常出现的现象。我国青蟹存在南、北两个种群，跨区域苗种调运存在以下严峻问题：①导致养殖青蟹种质资源的混杂；②长距离运输造成苗种成活率低下；③带来外来病菌、病毒，使得新的流行病频发概率大幅度提高；④来历不明的蟹苗，还影响养殖青蟹的品质和破坏青蟹的品牌声誉。目前，青蟹育苗虽然突破了规模化繁育的关键技术，但全套技术尚未推广普及。已有不少苗种企业开展了青蟹育苗，但仍存在苗种生产稳定性较差的现象，难以保障苗种的质量和数量。

2. 养成技术 青蟹养殖目前仍以较为粗放的池塘养殖为主，所用的池塘多为虾塘、鱼塘，缺乏针对青蟹生活习性和生态要求设计的养殖池塘。有的养殖池塘设施落后、底质老化，缺乏设施设备改善资金投入，影响产量和效益。近年来，虽兴起了"蟹公寓"养殖模式，但仍存在着许多设计问题，尚未见从幼蟹养成商品青蟹的成功案例。养殖饲料目前以低值鱼、虾、贝为主，极易带入病原，败坏水质，且质量和数量均不稳定。养殖管理较为粗放，注重产量效益，不注重质量，养殖过程中投喂劣质饲料，缺乏标准化养殖技术和示范区以及养殖技术信息的交流平台和技术指导服务。在养殖产品多样化方面，目前有些地方开展了青蟹育肥和软壳蟹培育，但规模很小，规模化工艺尚不完善。

3. 病害问题 病害频发已成为制约我国青蟹健康持续发展的重要因素，青蟹病害发生呈现出逐年增加的趋势。但目前青蟹养殖病害防治的应用基础研究薄弱，尚未探明青蟹主要疾病的病原菌和发病规律，缺乏相应的诊断方法和技术，缺乏针对性的药物和生态防治技术；药物的滥用和误用现象时有发生，威胁着产品质量安全和消费者的健康。

4. 良种问题 目前，青蟹苗种绝大多数来自天然海区。养殖中发现，这些种质生产性状的稳定性差，但其生长速度、抗病能力以及产量等诸多经济性状遗传改良的潜力很大。因此，需要利用现代生物技术并结合有效的传统技术，加速良种创制研究，尤其是优质高效抗病的良种培育。我国青蟹育种刚刚开始，除了在生长性状的定向选育外，其他抗逆抗病等研究尚未开展。目前，青蟹的遗传背景研究薄弱，对相关经济生产性状的 QTL 定位以及与生产性状紧密连锁的分子标记了解甚少，分子标记辅助育种尚未得到实际应用。

三、发展前景

我国岛屿众多，河流纵横交错，水质良好，气候温和，发展青蟹养殖的条件非常优越。目前，我国青蟹养殖已经具备良好的传统和基础，青蟹养殖产业更是处于发展空间和潜力最大的阶段。其具体原因：①目前，青蟹的养殖成本与市场售价之间的利润空间，远远大于其他甲壳类；②目前，青蟹苗种的单位水体产量和生产稳定性总体而言还比较低，而青蟹养殖生产的发展速度却远远超过人工苗种的生产发展速度，苗种价格较高（主养区大眼幼体价格达 20 000元/kg）。养殖产量方面，目前我国青蟹单养池的产量在每亩 150kg，混养池产量在每亩 30～70kg，养殖效益一般在每亩 3 000～8 000 元。

我国青蟹苗种的培育和养殖生产仍在进行设施和技术上的完善，在单位面积产量方面还有较大的上升空间。此外，产品的市场开发需求及其经济效益，将促进青蟹养殖业在相当长一段时间内得到有效、持续的发展。

第二章 青蟹的生物学特性

第一节 青蟹的形态特征

一、外部形态特征

青蟹从外部形态来看，可分为头胸部、腹部和附肢三部分。背腹两面都覆盖甲壳，头胸甲背面隆起而光滑，前侧缘的侧齿似锯齿状，壳面呈青绿色，前缘有额齿 6 个，左右缘有侧齿 9 个，似锯齿状（图 2-1）。

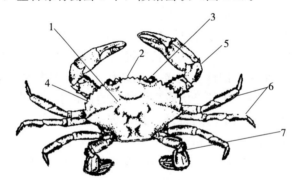

图 2-1　青蟹的外部形态

1. 背甲　2. 额齿　3. 复眼　4. 侧齿　5. 螯足　6. 步足　7. 游泳足

（古群红等，2006）

1. 头胸部　青蟹的头胸部完全愈合，背腹两面都覆盖甲壳。在背面的称为背甲，呈青绿色，扁椭圆形（图 2-2），有保护躯体内部柔软组织的作用；在腹面的称为腹甲或胸板（图 2-3）。

头胸甲背面隆起而光滑，呈扇形，长度为宽度的 2/3。头胸甲的表面凹凸不平，中央有明显的 H 形凹痕，形成若干区域，与下面内脏位置相对应，背面可分额区、眼区、心区、肠区、肝区和鳃区，腹面可分下肝区、下鳃区和颊区等。

头胸甲边缘分为额缘、眼窝缘、前侧缘、后侧缘和后缘。额缘具有 4 个突出的三角形齿；眼窝缘具有前齿各 1 个；前侧缘有 9 个等大的三角形齿；其形状似锯齿；后侧缘斜向内侧；后缘与腹部交界，近于平直。额缘两侧有 1 对带

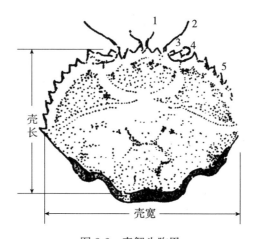

图 2-2　青蟹头胸甲

1. 第一触角　2. 第二触角　3. 眼窝下缘齿　4. 复眼　5. 前侧缘侧齿

（古群红等，2006）

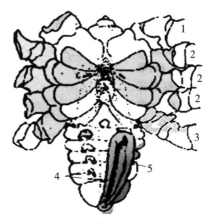

图 2-3　青蟹（雌）腹甲及腹部附肢

1. 螯足　2. 步足　3. 游泳足　4. 腹部附肢　5. 刚毛

（古群红等，2006）

柄的复眼，能左右转动，平时多横卧在眼窝缘下方的眼窝里，受惊时则竖立起来。眼内侧生有 2 对触角，内 1 对为第一触角，其基部有平衡器；外 1 对为第二触角，基部有排泄器（即触角腺）。头胸甲还折入头胸部之下，可分为下肝区、颊区、口前部。在口前部后方中央的大缺口为口腔。

　　腹甲中央部分向后陷落呈沟状，称腹沟。胸部腹甲原为 3 节，虽前 3 节已愈合为一，但节痕沿可辨认。后 4 节在腹沟处也已愈合，但其两侧的隔膜仍可分辨。生殖孔开口于胸板上，雌雄位置有异。雌的 1 对开口于第三对步足基部胸板处；雄的 1 对开口于游泳足基部相对应的胸板处。

2. 腹部 腹部连接头胸甲后缘，退化成扁平状。胸面称胸板，呈灰白色，盖在腹沟上，紧贴于胸板下方，四周有绒毛，俗称"蟹脐"（腹脐）。把蟹脐翻开，可见中线有一纵行凸起，内有肠道贯通，肛门开口于末端。蟹脐的形状，随着蟹的不同生长时期和性别而异。幼蟹时期，雌雄均呈狭长形，雌雄很难区分。当甲壳长 1cm、宽 1.5cm 以上时，雌性的蟹脐开始扩宽渐呈椭圆形，雄性的蟹脐则仍为三角形。腹部 7 节分明，内侧有腹肢 4 对，每一腹肢分叉而带有柔软的细毛，特别是已经受精的雌蟹，其细毛更长，利于排卵后将卵黏附（图 2-4）。

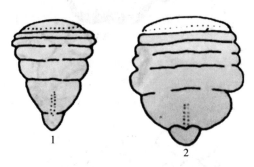

图 2-4　青蟹腹脐
1. 雄性　2. 雌性
（古群红等，2006）

3. 附肢 胸部有附肢 5 对，分别为第一触角、第二触角、大颚、第一小颚和第二小颚。胸部的附肢 8 对，前 3 对为颚足，后 5 对为胸足。口腔上缘的口器从里往外依次由大颚、第一、第二小颚和第一、第二、第三颚足等 6 对双肢型附肢组成。大颚的内肢发达，成臼状，适于咬碎坚硬的食物。小颚成薄片状，能搬送食物。第一颚足有挠片，能击动水流，以保持鳃内水的流动，帮助呼吸；第三颚足的形状构造，则是分类上的主要特征之一。5 对胸足，每肢从身体向末端依次由底节、基节、座节、长节、腕节、掌节（也称前节）和指节等 7 节所组成。第一对附肢呈钳状，称为螯足（图 2-5B），螯足不对称，长节前缘具 3 刺，腕节内末角具 1 壮刺，外末缘具 2 钝齿，掌节在雄性成体甚壮大。第二至第四对附肢呈尖爪形，较细长，用于步行，故称步足（图 2-5A）。第五对胸足呈桨状，适于游泳，又称游泳足（图 2-5C）。

腹部的附肢雌雄有别：雌性腹部附肢 4 对，长在第 2～5 腹节上，逐渐变小，为双肢型，边缘生有柔软的细刚毛，卵产出后黏附其上（图 2-3）。雄性腹部附肢 2 对，长于第 1～2 腹节上，尖细呈针状，为雄性交接器。第一对附肢粗壮，末端趋尖，外侧面具有许多细小的刺，交配时用作输精，又称交尾针或"阴茎"（图 2-6）；第二对附肢细小，用于喷射精液。

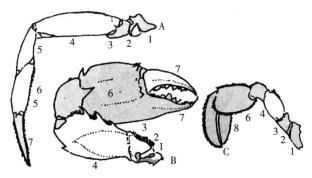

图 2-5 青蟹胸足

A. 步足　B. 螯足　C. 游泳足

1. 底节　2. 基节　3. 座节　4. 长节　5. 腕足

6. 掌节　7. 指节　8. 不动指

（古群红等，2006）

图 2-6 青蟹雄性生殖器（左）及其末端放大（右）

（古群红等，2006）

二、内部形态特征

打开青蟹的背甲，便可见到其内部器官组织（图 2-7）。青蟹的内部构造由消化系统、循环系统、生殖系统、神经系统、排泄系统、感觉器官等组成。

1. 肌肉　心肌与骨骼肌都是横纹肌，而平滑肌少见，只出现于肠道、血管和生殖器官。

2. 消化系统　分为消化管和消化腺两个部分。

消化管　包括口、食道、胃、中肠、后肠和肛门。食道和胃又统称为前肠。口在身体的腹面大颚之间，有 1 片上唇和 2 片下唇。食道短小，与胃相连。胃在身体的背面，分贲门胃和幽门胃两部分。前者为一大囊状物，有贮藏

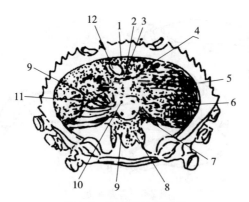

图 2-7　青蟹的内部构造

1. 胃前肌　2. 胃　3. 胃磨的上齿　4. 胃磨的侧齿　5. 前大动脉　6. 鳃　7. 心脏

8. 后大动脉　9. 卵巢　10. 心孔　11. 肝脏　12. 触角腺(排泄器)的囊状部

(古群红等，2006)

和磨碎食物的功能；后者的胃腔很小。嘴在咀嚼食物时，借肌肉的收缩使胃齿摆动把食物磨碎。磨碎的食物经过滤后，易消化的物质被送到中肠和后肠，无法消化的坚硬碎片和沙颗粒等由口喷出体外。中肠较细，前后各有细长的盲管长出。肠壁有吸收营养物质的功能，未被吸收的废物和残渣，则经后肠（直肠）由肛门排出体外。

　　消化腺　为肝胰脏，由许多盲小管组成，分为两瓣，各呈三叶状，位于幽门胃和中肠的中间连接处。消化腺能分泌各种消化酶，把食物消化成糊状。

　　3. 循环系统　由一肌肉质的心脏、血管和血窦组成。心脏呈方形，很小，血管分动脉和静脉。青蟹的血液是无色透明的胶状液体，内含变形细胞或称为血球，但因血中含有血清素（一种含铜的蛋白质，容易与氧结合，也容易释放氧，氧化时呈青绿色，还原时呈白色），遇空气而变成蓝灰色。此种色素与血红素功能相似，有传送气体的作用。体内的血液，一部分在血管中，另一部分在血窦中进行循环。心脏收缩时，心瓣关闭，血液由心脏流入各动脉，至躯体各部分，并分成微血管，开口于各血窦。由血窦经静脉汇合而入胸窦。在胸部分出血管，由鳃血管进入鳃，进行呼吸之后，再由出鳃管折回围心窦，并通过心瓣控制，使入窦的血液由心孔全入心脏，进行循环。该循环系统属开放型。

　　4. 呼吸系统　青蟹的主要呼吸器官是鳃，其位于头胸部两侧的鳃腔内，每侧 8 片，每片由鳃及许多羽状鳃叶构成。除鳃外，口器中第一额足和第二小颚的颚角片在鳃腔里不断划动，以及螯足、步足基部的入水孔、以螯足为主和第二触角基部的出水孔，共同构成呼吸系统的水流循环，提供呼吸所需的氧气。呼吸时，第一颚足的外肢鼓动，大部分水由螯足的基部流入，小部分水由步足基部流入。水经过鳃腔上的微血管，使水中的氧气渗到血液中，而血液中的二氧化碳则渗入水中流出。

5. 排泄系统 青蟹幼蟹期有 2 对肾脏，即颚腺（又称壳腺）和触角腺（又称绿腺），两者均有排泄功能。

青蟹成蟹期只靠 1 对触角腺完成排泄功能。触角腺位于头胸部前方食道的前面，为左右两个卵圆形绿色的肌肉质贮藏囊，下接 1 条弯曲盘旋管，管中间为海绵组织，呈白色，以上称腺体部。下接 1 囊状膀胱，开口于第二触角内侧基节的乳头突，废物即从此处排出体外。除排泄功能外，触角腺还有调节适应海水比重、使体内外渗透压保持平衡的功能。此外，中肠盲管也有排泄功能。

6. 生殖系统 雄性生殖器官由精巢与输精管组成。精巢 1 对，位于消化腺后方；两叶的中间部分融合，精巢下方各有一长面盘曲的输精管。每条输精管与精巢之间有 1 个由盲管组成的副性腺，输精管末端则开口于第五对步足基部的交接器。

雌性生殖器官由卵巢和输卵管两部分组成。卵巢位置与精巢相同。卵巢 2 叶，左右分开，中央部分相连，呈 H 形。未成熟的卵巢较小，近于白色。随着成熟度的增加，颜色逐渐变为橙色、浅橙红，直至鲜艳的橙红色，俗称蟹黄。成熟的雌蟹，蟹黄充满头胸部的背侧。各叶卵巢都有一根很短的输卵管，末梢各附 1 个纳精囊，开口于生殖孔。

7. 神经系统 青蟹的中枢神经系统，主要包括分别由数对神经节愈合而成的脑和胸神经团，两者以围食道神经相连。脑和胸神经团又各自发出若干神经，分布至身体的各部分。位于食道左右两边的围食道神经节，隶属于青蟹的交感神经系统（图 2-8）。

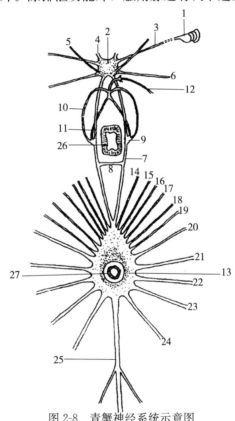

图 2-8 青蟹神经系统示意图

1. 眼柄神经节 2. 脑 3. 视叶柄 4. 第一触角神经
5. 第二触角神经 6. 表皮神经 7. 围食道神经
8. 食道下横连神经 9. 围食道神经节
10. 胃神经的背根 11. 胃神经的腹根
12. 胃神经 13. 胸神经团 14. 大颚神经
15. 第一小颚神经 16. 第二小颚神经
17～19. 第1～3 颚足神经 20. 螯足神经
21～24. 第1～4 步足神经 25. 腹神经
26. 食道 27. 胸动脉
（陈宽智，1980）

（1）眼柄神经节　1对，位于眼柄内、复眼之下，椭球状，略侧扁（图2-9）。

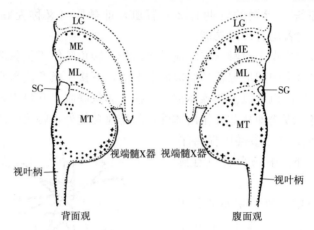

图2-9　青蟹（右眼）眼柄神经节示意图

LG. 视神经层　ME. 视外髓　ML. 视内髓　MT. 视端髓　SG. 窦腺

＋代表 H 型细胞，·代表 Ⅲ 型细胞

（黄辉洋，2001）

（2）脑　位于食道上方、口上板的后方，背面观略呈横长方形。可以分为前脑、中脑和后脑，左右两侧互为镜像（图2-10）。由脑发出的神经有：①视叶柄1对，从脑的前侧角稍后处发出，直接进入眼柄；②第一触角神经1对，较发达，位于视叶柄的前面，进入第一触角后分2支，1支分布于触角，另1支分布于平衡囊；③第二触角神经1对，稍退化，由脑的后侧面两侧发出，从

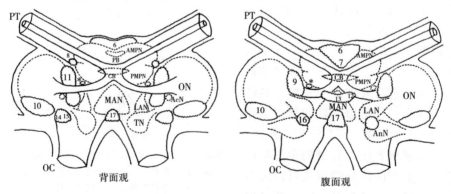

图2-10　青蟹脑结构示意图

6～17代表 N6～N17。＊代表 OGTN 嗅球束神经髓质，PT 代表前脑束，OC 代表围食道神经，

AMPN 代表前脑中部（成对）的前端神经髓质，PMPN 代表前脑中部（成对）的后端神经髓质，

PB 代表前桥，CB 代表中央体，ON 代表嗅叶，LAN 代表触角 Ⅰ 的侧神经髓质，

MAN 代表触角 Ⅰ 的中央神经髓质，AcN 代表副叶，

AnN 代表触角 Ⅱ 神经髓质，TN 代表表皮神经髓质

（Sandmanetal，1992）

两侧伸向前方，进入第二触角；④表皮神经 1 对，从脑的后侧角发出，分布于头胸部表皮；⑤围食道神经 1 对，发达，由脑的后侧发出，向后延伸绕过食道，在食道后下方与胸神经团相连接。食道之后，有 1 支横神经联系 2 条围食道神经，即食道下横连神经。

（3）胸神经团　位于胃磨和心脏之间的下方腹面体壁上。很发达，前部稍呈等腰三角形，相当于食道下神经节；后部呈圆形者相当于胸神经节和腹神经节愈合部分，从组织学上可以观察到胸神经团后中部由腹神经节愈合而成。后部中央有 1 个圆孔，是胸动脉穿过的地方，称为胸动脉孔（图 2-11）。

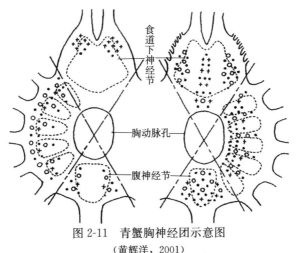

图 2-11　青蟹胸神经团示意图

（黄辉洋，2001）

由胸神经团发出 11 对附肢神经和 1 支腹神经。11 对附肢神经包括 1 对大颚神经、2 对小颚神经、3 对颚足神经、1 对螯足神经和 4 对步足神经等，螯足神经和步足神经均很发达。这些神经由前向后依次放射排列于神经团的两侧。腹神经单支，从神经团后方发出，进入腹部后再分支，分布于腹肢和腹部肌肉。

（4）胃神经　围食道神经节 1 对，位于食道两侧的围食道神经上，由它发出胃神经的背根和腹根各 1 对，这 2 对神经向前延伸在食道前方汇合成胃神经。

与其他高等蟹类相同，青蟹神经系统的主要特点是食道下神经节、胸神经节和腹神经节愈合成 1 个发达的神经团——胸神经团，在演化上达到十足目的最高等阶段。

8. 感觉器官　青蟹的感觉器官主要由复眼、触角组成。它们分别起到视觉器、平衡器、嗅觉器和触觉器的作用。

（1）复眼　1 对，复眼构造较复杂，由数千个视觉单位的小眼或单眼组成。外附角膜，中心为视网膜，视神经分布其上，具有可辨别物体大小颜色、活动状态和光线等功能。

（2）平衡器　位于第一触角的基部，由 1 对窝状囊组成，与外界不相通。

内有司感觉的绒毛，也是主要的感觉器官。其上部附有石灰质的颗粒，可起平衡的作用。

（3）嗅觉器　在第一对触角小节上，生有许多专司嗅觉的感觉毛，借此常在夜间出穴觅食，辨别食物。

（4）触觉器　青蟹躯体外缘和附肢上的刚毛，具有触觉的作用。此类刚毛系表皮细胞向外突出而成，基部有神经末梢分布，触觉敏锐。

第二节　青蟹属种类鉴别

一、形态特征

青蟹属 4 个种，分别为锯缘青蟹（*Scylla serrata*）、紫螯青蟹（*Scylla tranquebarica*）、拟穴青蟹（*Scylla paramamosain*）和榄绿青蟹（*Scylla olivacea*）（图 2-12）。这 4 个种类可以从头胸甲额缘 4 齿的长度、形状，螯足

图 2-12　青蟹属种类（雄性）

1～2. 锯缘青蟹（1 背面、2 腹面）　　3～4. 紫螯青蟹（3 背面、4 腹面）

5～6. 拟穴青蟹（5 背面、6 腹面）　　7～8. 榄绿青蟹（7 背面、8 腹面）

（林琪等，2007）

腕节内刺的有无，螯足及步足斑纹来区分。具体形态特征如下：

1. 锯缘青蟹　甲壳背面具有白色斑点，头胸甲额缘 4 齿长度长，末端钝。螯足腕节外缘内、外刺均发达，掌节靠指节基部的 2 个刺均发达。螯足颜色与头胸甲颜色相似。螯足及步足上具有明显的网状斑纹，斑纹颜色较深。

2. 紫螯青蟹　甲壳背面具有白色斑点，头胸甲额缘 4 齿长度中等，末端钝。螯足腕节外缘内、外刺均发达，掌节靠指节基部的 2 个刺均发达。螯足颜色呈紫色。螯足及前 2 对步足网状斑纹颜色较浅；后 2 对步足上具明显的网状斑纹，斑纹颜色较深。

3. 拟穴青蟹　头胸甲额缘 4 齿长度长，尖锐，呈三角形。螯足腕节外缘的腕节外刺较发达，腕节内刺退化或不退化。掌节靠指节基部的外刺比内刺小。螯足及步足上的网格状斑纹较少，斑纹颜色较淡。螯足颜色与头胸甲颜色相似。

4. 榄绿青蟹　头胸甲额缘 4 齿短，圆弧形。螯足腕节外缘具腕节外刺，腕节内刺退化。掌节靠指节基部的外刺退化，内刺较退化，末端钝。螯足呈橙红色。

青蟹属种类检索表如下：

青蟹属种类检索表
（林琪等，2007）

1　甲壳背面有白色斑点；后 2 对步足有明显的网状图案，图案颜色较深；
　　螯足腕节外缘两刺大小相近，均发达 ·· 2
　　甲壳背面无白色斑点；后 2 对步足无明显的网格状图案，图案颜色较淡；
　　螯足腕节外缘中部的刺已退化 ·· 3
2　头胸甲额缘 4 齿较长，末端钝；螯足颜色与头胸甲颜色相似，螯足及步
　　足上具明显的网状斑纹，斑纹颜色较深············· 锯缘青蟹（*S. serrata*）
　　头胸甲额缘 4 齿长度中等，末端钝；螯足颜色呈紫色，螯足及前 2 对步足
　　网状斑纹颜色较浅，后 2 对步足有明显的网状斑纹，网状斑纹颜色较深
　　··· 紫螯青蟹（*S. tranquebarica*）
3　头胸甲额缘 4 齿长度长，尖锐，呈三角形；头胸甲颜色与螯足颜色相似
　　··· 拟穴青蟹（*S. paramamosian*）
　　头胸甲额缘 4 齿短，圆弧形；螯足呈橙红色 ······ 榄绿青蟹（*S. olivacea*）

二、遗传距离差异

马凌波等（2006）对我国浙江至海南东南沿海 5 个地区青蟹样本的 12 个 COI 序列与已知青蟹属 4 个种类的 COI 序列进行了遗传距离分析（表 2-1）。

结果表明，中国东南沿海青蟹的 COI 序列与拟穴青蟹遗传距离为 0.008 36，与拟穴青蟹种内的遗传距离 0.008 35 以及东南沿海青蟹自身的遗传距离 0.005 44 没有显著的差异；而与其他 3 种青蟹的遗传距离则有 10 倍以上的差异。说明中国东南沿海的青蟹与拟穴青蟹同种，而与其他 3 种青蟹达到了种间的差异。

表 2-1 青蟹种内和种间遗传距离差异

(马凌波，2006)

青蟹种	锯缘青蟹	拟穴青蟹	东南沿海青蟹	紫螯青蟹	榄绿青蟹
锯缘青蟹	0.014 39	—			
拟穴青蟹	0.115 51	0.008 35	—		
东南沿海青蟹	0.116 59	0.008 36	0.005 44		
紫螯青蟹	0.095 52	0.083 21	0.084 23	0.008 35	
榄绿青蟹	0.167 05	0.172 27	0.178 12	0.144 25	0.016 85

第三节　青蟹的生态习性及对环境的适应性

一、生态习性

1. 生活习性　青蟹是游泳、爬行、掘洞型蟹类，喜栖息、生活在江河溪海汇集口，海淡水缓冲交换的内湾——潮间带泥滩与泥沙质的涂地上、红树林或沼泽地。一般白天多潜穴而居，夜间出穴（洞）进行四处觅食。青蟹活动灵敏。高温时喜欢在高潮带用步足支起身体；低温时则潜伏在泥沙中，仅露出双眼。

2. 食性与摄食

（1）食性　青蟹属杂食性动物，各生长阶段食性也不同。食物组成以软体动物和小型甲壳动物为主，胃含物中经常出现双壳类的壳缘，铰合部残片，腹足类、方蟹类的残肢和头胸甲碎片。青蟹也常以软体动物如缢蛏、泥蚶、牡蛎、青蛤、花蛤、小虾蟹、藤壶等为食。人工养殖青蟹的不同时期适口饵料为：幼蟹养成蟹的饵料，一般选用小蓝蛤、小杂鱼和小杂虾等；成蟹强化培养，可选用鸭嘴蛤、杂色蛤、河蚬、小沙蟹等；交配后留下的雌体强化培育和筛选越冬促熟期培育的饵料，一般是前期投喂小鱼虾、大蓝蛤、毛蚶，后期投喂缢蛏；抱卵期的适口饵料，一般选用毛蚶、缢蛏、牡蛎、新鲜小虾蟹等。青蟹有同类互相残杀的习性，常捕食刚蜕壳的软壳蟹。所以如果用青蟹来生产软壳蟹，一定要将蟹用蟹盒、笼子或罐子分开。

（2）摄食　青蟹摄食活动多发生在涨潮时夜间。青蟹感觉器官灵敏，能有选择地寻找食物。先依靠第一触角上的嗅觉寻找食物，后用螯足牢牢地钳住递交给第三步足，由第三步足传递至大颚至口边，由大颚将食物切断磨碎，最后食物经食道进入胃部。

3. 自切与再生　当青蟹受到强烈刺激，如温度、电、药物等的刺激，敌害攻击或机械损伤时，经常会迅速切断其受害的步足，从而得以逃生的现象叫"自切"。自切的折断点总是在附肢的基节与座节之间的一个双层膜处。这是青蟹长期形成的在外界环境下逃避敌害求得生存的一种本领。而数天后，在肢体断落处会慢慢地重新长出附肢来，这种现象叫"再生"。断肢后可再长出新肢，中间需经过多次蜕皮才能完成，再生部分可达到丢失部分的大小。青蟹的"自切"和"再生"，具有保护自己、防御敌害的功能，是青蟹长期适应自然界生存竞争的结果。

4. 蜕壳与生长　青蟹的生长是不连续的，蜕壳是其生长的标志，只有在蜕壳时才能生长。蟹体开始蜕壳时，先是体腔内分泌许多起润滑作用的黏液，然后新壳与旧壳逐渐分离。蜕壳过程中一般是头胸甲部位先蜕出，然后游泳足蜕出，游泳足蜕出后不断摆动划水，青蟹会借助游泳足摆动的力量，将步足从旧壳中抽出，最后蜕出的是大螯（图 2-13）。

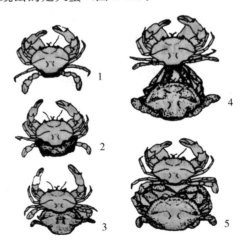

图 2-13　青蟹蜕壳的顺序
1. 蜕壳之初，甲壳后缘的裂缝扩大　　2. 新体的后半部已露出旧壳之外，这时侧刺向前弯
3. 躯体大部分已蜕出旧壳，只剩额部及整足尚未露出　　4. 螯足最后从旧壳蜕出
5. 蜕壳已完成，躯体比原来增大
（金中文等，2014）

青蟹的一生中大约要经过 13 次蜕壳，即幼体发育蜕壳 6 次、生长蜕壳 6 次和生殖蜕壳 1 次。幼蟹由于生长较快，平均约 4d 蜕壳 1 次；以后蜕壳时间逐渐延长，生长 2 个月之后，要间隔 1 个多月才能够蜕壳 1 次；从第 1 期幼蟹

到第 10 期幼蟹的生长需百余天；最后一次蜕壳，与青蟹的交配和生殖密切相关，称"生殖蜕壳"。

青蟹的蜕壳时间，主要集中在 00：00～04：00 以及 16：00～20：00。青蟹的体重在蜕壳后的第一个 10min 内增加最为明显，体重增加主要集中在蜕壳后 20min 内，蜕壳完成 1h 后，青蟹的体重不再增加；青蟹的体长和体宽在蜕壳后 0.5h 之内增加较为显著，蜕壳完成 1.5h 之后，青蟹的体长和体宽基本不再增加；青蟹蜕壳后其软壳状态会持续一段较长时间，大约会持续 1d 左右。青蟹蜕壳后壳长、壳宽以及体重都会相应地增加，壳长可以增加 0.5～1.5cm，壳宽可以增加 0.8～2cm，体重增加量与蟹的个体大小密切相关，一般蜕壳后体重可以增加 40%～90%。刚蜕壳的青蟹蟹体柔软，称"软壳蟹"，横卧在水底大量吸收水分，使身体舒张开来，一般 3～4h 开始变硬，2～3d 后新壳才会完全硬化。

5. 繁殖习性

（1）雌雄青蟹的鉴别　青蟹的雌雄可从以下 5 个方面进行鉴别（图 2-14）：

图 2-14　青蟹雌雄性
左：雄蟹　右：雌蟹

①腹脐形状：体长 1cm、体宽 1.5cm 以上时，雌蟹腹脐开始宽大，略呈近圆形；雄蟹腹脐狭长，呈三角形。

②腹肢：着生于腹脐内，雌蟹有 4 对腹肢，肢上有刚毛；雄蟹只有 2 对腹肢，肢上无刚毛。

③螯足：雌蟹螯足较短小；雄蟹螯足长而宽厚。

④背甲：雌蟹背甲近圆形；雄蟹背甲近椭圆形。

⑤形体指标：一般雄蟹甲壳比雌蟹长，在繁殖季节之前，同样大小的青蟹，一般雄蟹比雌蟹重。

（2）繁殖季节　青蟹繁殖期一年可有两季。随地域不同，青蟹的繁殖季节存在较大差异，广东为每年 2—4 月以及 8—9 月，其中，2—3 月为繁殖的盛期；福建厦门地区为每年的 3—10 月，浙江为 4—10 月，5 月下旬至 6 月以及

8 月下旬至 9 月是繁殖盛期；上海为 9—10 月，台湾地区则几乎全年都可以进行繁殖。

（3）生殖洄游　青蟹虽能在河口浅海生长、发育、成熟和交配，但在较高盐度的海水中才能生殖，故出现了生殖洄游现象。雌蟹交配前必须进行生殖蜕壳，交配后其卵巢逐渐发育成熟，并开始向高盐海域生殖洄游。

（4）交配　达性成熟的雌蟹在临蜕壳之前即有雄蟹伴随，即所谓的追尾现象。并且追尾成功的雄蟹会搂抱雌蟹四处游走，这种搂抱行为短则 1d，长的可达 4～5d。当雌蟹性成熟、在生殖蜕壳前的 1～7d，雄蟹将雌蟹带到一个安全隐蔽处，并与雌蟹分离，守护在雌蟹周围。待雌蟹新的壳稍硬，大约需要 1d，雄蟹立即进行交配。交配的一切行为都由雄蟹主动安排。雄蟹把雌蟹掀翻，使雌蟹胸板朝天，暴露出胸板上的 1 对生殖孔，而雄蟹也趁势打开腹脐，将交配器插入其中，把精子送到雌蟹的纳精囊中贮藏起来。其精液在雌蟹的 2 个纳精囊内贮存起来，以待翌年产卵之时才被释放受精。交配时间短的只有 10h，长的则可达 3～4d，一般会持续 1～2d。交配后，雄蟹仍会守候雌蟹，直到后者的甲壳完全变硬后才会离开。交配期间青蟹没有食欲，即使投饵也不进食（图 2-15）。

图 2-15　青蟹交配

（5）产卵和抱卵　雌蟹青蟹多在夜间产卵，一般在 22:00 至翌日 04:00 时进行，一次产卵的时间大约为 1h。产卵时，雌蟹常用步足把体躯撑起，腹脐有节奏地一开一闭地扇动，此时，成熟的卵子经过输卵管至纳精囊与精子结合受精后，从生殖孔排出体外，大都黏附在腹肢的刚毛上，也会有部分卵子散落入水中。

已交配过的雌蟹，它的产卵次数与栖息地区和青蟹本身的体质（大小、强弱）以及产卵迟早等有关。个体大的产卵量多，个体小的产卵量少。天然海区里的雌蟹，多数只能产卵 1 次；但个体大而且产卵较早的，在第一次产下的卵孵化后，还能进行第二次产卵。由于交配时纳精囊内精子的储备量可供多次产卵，所以第二次产卵受精仍可以使用纳精囊内残余的精子，而不需要重新受精。

抱卵数就是指母蟹腹肢刚毛上所附着卵子的数量，比产卵量要少得多。因为所产出的卵子不会全部黏附于腹肢刚毛上，雌蟹的怀卵量因地而异。各地的气候、海况等环境因素不同，会导致怀卵量有所差异。更重要的是，在正常情况下，雌蟹的怀卵量与个体大小是成正比的。青蟹的最高怀卵量可以达到 400 万粒，一般每只雌蟹的产卵量约 200 万粒左右，为体重的 18％。但附着在腹肢上的只有 35％～50％，1g 卵子中含有卵粒的数量大约为 4 万粒（图 2-16）。

图 2-16　青蟹抱卵

（由宁波大学海洋学院青蟹繁育团队提供）

二、环境的适应性

1. 温度　青蟹是广温性海产蟹类，其生存水温为 7～37℃，适宜生长水温为 15～31.5℃，最适水温为 18～25℃。水温 20～35℃时青蟹能蜕壳，水温 25～35℃为青蟹蜕壳的适宜温度，30℃左右为青蟹蜕壳的最适温度。15℃以下时，生长明显减慢；水温降至 7～8.5℃时，停止摄食与活动，进入休眠与穴居状态。水温稳定在 18℃以上时，雌蟹开始产卵，幼蟹频频蜕壳长大；水温升至 37℃以上时，青蟹不摄食；水温升至 39℃时，青蟹背甲出现灰红斑点，身体逐渐衰老死亡。

2. 盐度　青蟹也是一种广盐性的种类，青蟹的生存盐度 0～55，适应范围 6.5～33，最适盐度 12.8～26.2（比重 1.010～1.021）。青蟹的最佳蜕壳和存活盐度范围为 15～20，蜕壳后青蟹的适宜生存盐度范围为 10～30。

常年盐度在 5.9～8，青蟹仍能很好地生长、发育、成熟和交配，但不能产卵、繁殖。目前也发现采用缓慢降低盐度的方法，可以完全在淡水养殖，而且生长很好。但青蟹对海水盐度的突然升高或下降等比较难以适应，一般盐度差别超过 10 以上会引起"红芒病"和"白芒病"，导致青蟹死亡。故在每年 5—7 月雨水过多时，人工养殖的青蟹死亡率较高。

3. 溶解氧　青蟹对溶解氧含量要求较高，一般不低于 3.5mg/L。溶解氧为 7mg/L 时，蜕壳所用平均时间最少，青蟹的蜕壳率相对较高，且青蟹蜕壳前后的存活率都较高；溶解氧在 4mg/L 以上时，蜕壳后的青蟹可以正常存活；

溶解氧低于 3mg/L 时，青蟹生命活动受到抑制；溶解氧低于 2mg/L 时，蜕壳后的青蟹很快死亡；在溶解氧 2～7mg/L 时，青蟹都可以蜕壳，但只有溶解氧浓度高于 5mg/L 时，青蟹才可以正常存活和蜕壳，溶解氧浓度低于 4mg/L 时，不利于青蟹的存活。若溶解氧低于 1.0mg/L，会导致青蟹因缺氧而反应迟钝、不摄食，最终死亡。

4. 酸碱度（pH）　酸碱度（pH）是衡量水质状态的一个综合性指标。pH 的变化受水中二氧化碳、碱度、溶解氧、无机盐类和有机物含量等指标的影响而有所波动。青蟹对 pH 的适应范围在 7.5～9.0，生长最适 pH 范围在 7.8～8.5，胚胎发育孵化水体适宜 pH 为 7.0～9.0，最适 pH 为 7.8～8.2。pH 对青蟹孵化率、畸形率和成活率的影响相对显著，但对孵化时间影响不显著；pH 的变化对青蟹的免疫反应影响显著，免疫力在 7.5～9.0 时强。

5. 氨氮及亚硝酸盐氮

（1）**氨氮**　青蟹可以在氨氮浓度低于 32mg/L 的海水中正常存活，但只有在氨氮浓度低于 8mg/L 的海水中才可以正常蜕壳；海水中氨氮浓度大于 128mg/L 时，会对青蟹产生较强的毒害作用，青蟹会在较短时间内死亡。

（2）**亚硝酸盐氮**　青蟹可以在亚硝酸盐氮浓度低于 50mg/L 的海水中正常存活和蜕壳。亚硝酸盐氮浓度为 10mg/L 时，青蟹蜕壳率和存活率都达到最大；亚硝酸盐氮浓度达到 90mg/L 时，存活率和蜕壳率都显著下降；海水中亚硝酸盐氮为 130～170mg/L 时，只有极少量的青蟹可以存活，没有青蟹可以蜕壳；当亚硝酸盐氮浓度达到 210mg/L 时，青蟹会在较短时间内死亡。

6. 光照强度　青蟹对光照条件要求较高，以 5 000lx 光照强度最佳，进行青蟹室内养殖时最好以白炽灯作为光源更适宜。值得注意的是，1 000lx 的光照强度，对青蟹幼体从第 4 期溞状幼体（Z_4）阶段起即期变态成活率明显下降，最终均不能变态为大眼幼体（M）。

第四节　青蟹的发育

一、性腺发育

1. 青蟹卵巢发育　青蟹卵巢发育是一个连续的过程，为了方便对其进行研究，根据其外部特征及组织学特征，人为地将其分成若干个发育阶段。上官步敏等（1991）（表 2-2）根据锯缘青蟹卵巢内外特征的变化，将其分为六个发育时期：

表 2-2 锯缘青蟹卵巢发育期

（上官步敏，1991）

发育期	头胸甲长、宽（cm）	卵巢外部特征	卵巢组织学特征	发育特点
未发育期	2.9～4.4 4.3～6.8	极细（0.2～0.5mm），透明，管状，无皱褶，肉眼难于辨认	横切面为中空细管，腔内或管壁上分布少量卵巢细胞；无明显增殖迹象 ［图2-17（1～2）］	卵巢发育和卵子发生相对静止期
发育早期	8.7～7.4 5.2～11.3	宽0.5～4.0mm，初期为白浊，略透明，晚期为乳白，不透明，皱褶明显	初期出现大量卵原细胞，处在活跃增殖状态 ［图2-17（3～4）］，晚期卵巢小管形成，期内含卵黄发生前期卵母细胞和增殖的卵原细胞 ［图2-17（5～6）］	卵原细胞活跃增殖期，卵母细胞形成并行减数分裂和卵黄发生前的准备
发育期	6.7～9.2 9.5～13.0	体积明显增大（宽由5mm增至20mm左右），皱褶显著，呈淡黄或橙黄色	卵原细胞增殖极少或无；次级滤泡形成；卵巢内主要为卵黄发生期卵母细胞；卵母细胞增大显著，内含大量卵黄粒；核内染色体丝状 ［图2-17（7～8）］	卵母细胞迅速生长和卵黄发生旺盛期
将成熟期	7.3～10.0 10.5～14.0	体积接近最大（宽约25mm），呈橘红色	卵母细胞直径近最大（平均240μm），其内充满卵黄粒，核膜尚清晰，核内无明显染色体、核质均匀分布 ［图2-17（9）］	卵母细胞生长和卵黄发生近结束
成熟期	7.7～9.2 11.2～12.9	体积最大（最宽者可达28mm），呈亮橘红色，卵粒可辨	卵母细胞直径最大（平均260μm），卵核皱缩，核仁、核膜模糊，核质灰紫色 ［图2-17（10）］	卵母细胞生长和卵黄发生基本结束；卵核继续分裂
排卵后期	7.5～8.0 1.6～12.5	萎缩，呈灰浊叶片状	滤泡萎缩，泡内残存少量退化的大卵母细胞及早期卵母细胞，泡壁增厚 ［图2-17（11）］	排卵后，残存卵母细胞退化和被重吸收

（1）未发育期　卵巢极细，透明，管状，无褶皱，分布少量卵原细胞 ［图 2-17（1～2）］。

（2）发育早期　卵巢带状，乳白色，不透明，有褶皱，卵原细胞增殖，卵母细胞分化和早期生长 ［图2-17（3～6）］。

（3）发育期　卵巢迅速增大，呈淡黄到橙黄色，褶皱显著，卵母细胞迅速生长并进行活跃的卵黄形成活动 ［图2-17（7～8）］。

（4）将成熟期　卵巢橘红色，卵母细胞生长和卵黄形成接近结束［图2-17（9）］。

（5）成熟期　卵巢呈鲜亮橘红色，卵粒可辨，卵母细胞处于成熟和即将排放状态 ［图2-17（10）］。

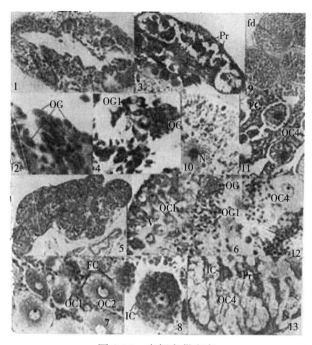

图 2-17　青蟹卵巢发育

1. Ⅰ期卵巢横切　2. Ⅰ期卵巢壁局部　3. 早Ⅱ期卵巢横切　4. 早Ⅱ期卵巢局部
5. 晚Ⅱ期卵巢横切　6. 晚Ⅱ期卵巢局部　7. Ⅲ期卵巢　8. 卵黄发生后期卵母细胞
9. Ⅳ期卵巢　10. Ⅴ期卵巢　11. Ⅵ期卵巢　12～13. 发育早期退化卵巢

（上官步敏，1991）

（6）排卵后期　卵巢萎缩，呈灰浊叶片状，排卵后卵母细胞退化和重吸收
［图 2-17（11～13）］。

2. 青蟹精巢发育　叶海辉等（2001）根据青蟹精巢的形态及生精小管内
占优势的生殖细胞带，将精巢发育分为五个时期：

（1）精原细胞期　精巢略透明，褶皱不明显，生精小管细小，管壁上皮为
单层柱状细胞，内部精原细胞大量繁殖，几乎充满管腔。精原细胞近圆形，少
量异染色质沿核内膜分布［图 2-18（1）］。

（2）精母细胞期　精巢半透明，呈倒 W 形弯曲结构。生精小管变化显著，
随着个体发育迅速增长［图 2-18（2）（3）］。

（3）精子细胞期　精巢发达，粗大，沿着前鳃腔一直延伸到第 9 锯齿基
部，储精囊膨大，乳白色。生精小管不再增长，小管内出现大量精子细胞。精
子细胞小，核圆形，染色均匀［图 2-18（4）］。

（4）精子期　精巢特征与精子细胞期相似，储精囊极为饱满，乳白色，生
精小管内充满大量成熟的精子，精子圆形［图 2-18（5）］。

（5）休止期　精巢淡黄色，柔软，扁平状，精巢内结缔组织和血管增多。生精小管内精子已基本排空，生精小管管壁内陷成不规则形状［图2-18（6）］。

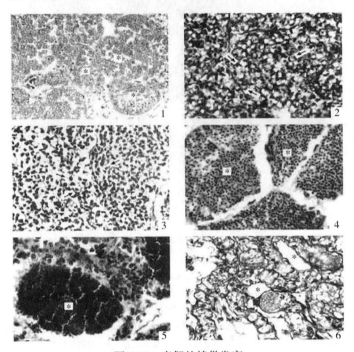

图 2-18　青蟹的精巢发育

1. 精原细胞期的精巢　2. 初级精母细胞　3. 次级精母细胞

4. 精子细胞　5. 精子期精巢　6. 休止期精巢

（叶海辉，2001）

二、胚胎发育

1. 胚胎发育过程　在水温25.5～28.0℃、盐度25.5～26.0条件下，青蟹胚胎发育过程需324h。青蟹的整个胚胎发育过程如下：

（1）受精卵［图2-19（1～2）］　刚产下的成熟卵呈尖卵圆形等不规则形状，入水后不久基本上都变成圆形或椭圆形，外层的卵黄膜也逐渐膨大而与原本紧贴的内层质膜明显分离。随后受精膜开始形成和举起，第一、二极体分别在排卵后的0.5h和1h内排放。再经过6～8h后，受精卵才开始形成2个细胞的胚胎［图2-20（3）］。

（2）卵裂期［图2-19（3）］　亲蟹排卵后约8h，受精卵才开始卵裂。早期进行的是完全卵裂：首先受精卵均等卵裂，在中部向内凹陷形成分裂沟，将之分裂成几乎相等的2个细胞，分裂沟不是很深［图2-20（3）］。随后，从第2～6次进行螺旋卵裂，将胚胎依次分裂成4、8、16、32、64个细胞［图2-20

（4～10）］，分裂沟深入到受精卵内部，每个分裂球大小相近。从第 7 次开始，由完全卵裂逐渐趋向于表面卵裂，胚胎分裂成 128 个细胞［图 2-20（11）］，随后进入 256 细胞期［图 2-20（12）］，至此卵裂宣告结束，胚胎发育进入囊胚期。每次卵裂持续的时间为 1.5～2h，立即进入下一次卵裂，从第一次卵裂至卵裂结束约 16h。

（3）囊胚期［图 2-19（4）］　亲蟹排卵后 24h，经 8 次卵裂，产生 256 个细胞，胚胎就进入囊胚阶段。此时，细胞呈圆形或椭圆形，数目在光镜下难以计数，它们密集地排列在卵表面，组成一层薄的囊胚层［图 2-20（13）］。在囊胚层下的囊胚腔则充满卵黄颗粒，这些卵黄颗粒逐渐移到细胞的向心端形成卵黄锥。细胞继续快速分裂，卵表面变得平滑均匀致密，卵裂沟和卵裂球消失，看不出任何沟纹［图 2-20（12）］。至此，形成的囊胚为边围囊胚，内部的称为卵黄细胞，而留在卵表面的细胞为囊胚层细胞。整个囊胚期持续约 24h。

（4）原肠期［图 2-19（5）］　囊胚晚期，胚胎原肠作用的一端慢慢呈透明状。至亲蟹排卵 40h 后，胚胎的一端已出现一明显的透明区，内无卵黄颗粒，这标志着胚胎已经进入原肠期［图 2-20（14）］。青蟹主要通过内陷而形成原肠和原口的。原肠的形成确立了胚胎的纵轴。

随着细胞的分裂加速和分化，胚胎逐渐形成胚区和胚外区。胚胎前端的大部分，由于细胞分裂较快而形成细胞密集的区域，称为胚区；而胚区以外的细胞较大，数目稀少，排列疏松，称为胚外区。胚区后端一小区的细胞分裂更快，相互挤压，逐渐内陷而形成原口或胚孔。原口所在的区域代表胚胎纵轴的后端，胸腹部将由此发生。

原肠作用开始不久，原口上方左右两侧的细胞迅速增殖，形成 1 对密集的球状细胞团，突露于胚胎上，它们对称分布在胚区上方的两侧，同原口呈倒"品"字形。这 1 对细胞团称为视叶原基，最终发育成复眼。原口左右两侧的细胞分裂增殖与生长而形成 1 对细胞团，称为腹板原基。这对腹板原基不断延伸扩大，最终在原口上面联成为 1 个胸腹褶，又称胸腹突图［2-20（15）］。由于胸腹褶不断增大而覆盖在原口上方，原口随之消失［图 2-20（16～17）］。

胸腹褶前外侧细胞集中而形成 1 对大颚原基，在大颚原基前面外侧，细胞集成大触角原基。胚区正前方出现背器，而胚区中央稍偏前形成了口道。胚外区逐渐失去卵黄而呈透明状，形成很小隐约可见的透明区。原肠期经历了 36h 左右。

（5）无节幼体期［图 2-19（6）］　亲蟹排卵后 76h，胚胎发育进入无节幼体阶段。无色透明区逐渐扩大，约占整个胚胎的 1/5，透明区内清晰可见各对附肢原基［图 2-20（18）］。胚径反而缩小。1 对小触角原基在视叶原基和大触角原基之间形成，胸腹褶前端裂开而形成尾叉原基。无节幼体期经历了 36h 左右。

（6）5 对附肢期　亲蟹排卵后 120h，无色透明区进一步扩大到整个胚胎的

1/5，附肢原基伸长，特别是小触角由椭圆形伸长增大成长条状，为附肢中最长者［图 2-21（1）］。在胸腹褶两侧出现第一、二小颚。胸腹褶向前伸展，前端尾叉变长，背器逐渐缩小消失。5 对附肢期经历了 32h 左右。

（7）7 对附肢期［图 2-19（7）］　亲蟹排卵后 144h，无色透明区明显扩大，约占整个胚胎的 1/4，附肢原基继续伸长［图 2-21（3）］。卵黄区色泽在靠近透明区首先开始变淡，随后整个卵黄区色泽变淡并转为半透明，卵黄块也由隐约可见到十分清晰［图 2-21（4～6）］。胸腹褶继续向前伸展，在其两侧第一、二小颚的下方形成了 2 对颚足原基。第一、二颚足分别分布在外侧和内侧，随着生长而向前伸展，并相继分化，由原先的单肢型分成内、外肢。脑在此期形成，位于两视叶间偏上方。肠开始出现，纵行于胸腹褶中央。此期卵径显著增大，共历经 24h 左右。

（8）复眼色素形成期［图 2-19（8～11）］　亲蟹排卵后 168h，视叶伸长，其外侧出现橘红色丝状复眼色素带，这标志着胚胎进入复眼色素形成阶段［图 2-21（7）］。复眼色素带很快变为棕红色，复眼色素区不断增大，复眼色素带加粗加长，颜色也逐渐变深［图 2-21（10～15）］。眼点加粗变黑呈长条形，复眼内各小眼界限逐渐分明，呈放射状排列［图 2-21（16）至图 2-22（6）］。胚体腹部出现 2 条体色素带并逐渐加深；而且在头胸部、附肢等处，也大量出现棕黑色素。

这阶段，卵黄消耗很快，透明区占整个胚胎的 1/2［图 2-21（7～15）］，卵黄进一步收缩成蝶状的一块［图 2-22（1～6）］。随着卵黄液化吸收的加快，卵黄变细疏变淡，透明区也继续迅速扩大［图 2-22（7～15）］。距两复眼之间远端的胸腹褶下方形成囊状心脏，呈半透明状，有透亮感。心脏刚开始搏动时很微弱，为 25 次/min，处于间歇性和不规则跳动状态。随后心跳逐渐加快，变为 70 次/min、105 次/min、130 次/min。随着心跳加快，间隙次数减少，间隙时间也缩短，节律性加强，但仍不规则。附肢和复眼的颤动，也伴随着心跳而变得剧烈。活体下清晰可见血液在体内流动。颚足内外肢开始分节，胸腹褶进一步分成胸部和腹部。腹部和颚足伸展很快，而且腹部进一步分节，分节处出现体色素［图 2-21（12，15）］。此期卵径显著增大，共历经 132h 左右。

（9）近孵化期［图 2-19（12）］　亲蟹排卵后 300h，复眼色素带呈大而显眼的椭圆核仁状，视叶长度已达卵径的一半［图 2-22（7～10）］。心跳加快，达 160～200 次/min，但仍无严格的节律，附肢和复眼收缩性颤动也更加剧烈，整个胚胎会间歇性地全身颤动。头胸部附肢发育基本完成，共 13 对，透过卵膜隐约可见其分节。腹部附肢直到幼体孵出仍未出现。卵黄迅速地液化和被吸收，最后只在复眼近旁的头胸部剩余一小团［图 2-22（13～15）］。此时胚胎呈灰黑色。

（10）幼体孵出期［图 2-19（13～18）］　亲蟹排卵后 324h，胚胎的心跳加快至 200 次/min 以上，尾部和头胸部的附肢不断抖动，整个胚体在膜内大幅度扭动，偶尔观察到胚体在卵内转动。此时，亲蟹开始用步足将腹部的刚毛卵串拨到水中，幼体随即破膜而出。额棘、背棘及第一、二颚足外肢末端的刚毛在破膜的瞬间展开，成为第一期溞状幼体［图 2-19（13～15）、图 2-22（16～18）］。至此，整个胚胎发育结束。

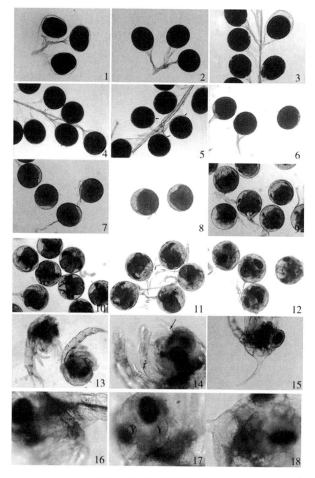

图 2-19　胚胎发育过程

1. 刚排放的受精卵形状不规则　2. 受精卵变为圆球形　3. 卵裂期胚胎，卵裂沟清晰

4. 囊胚期胚胎　5. 原肠期胚胎，隐约可见透明区（↑）　6. 无节幼体期胚胎，透明区呈新月形

7.7 对附肢期胚胎　8. 复眼色素带出现期胚胎　9. 复眼色素带斑状期胚胎

10. 复眼色素带长条状期胚胎，卵黄块蝶状　11. 复眼色素带长条状期胚胎，卵黄块进一步收缩

12. 近孵化期胚胎，复眼色素带呈椭圆核仁状 13. 刚出膜的原溞状幼体

14. 原溞状幼体背棘显露（↑）　15. 第一期溞状幼体背棘伸展　16. 溞状幼体头胸部与腹部交界处

17. 溞状幼体复眼近旁的残留卵黄　18. 溞状幼体的头胸部

（陈锦民，2005）

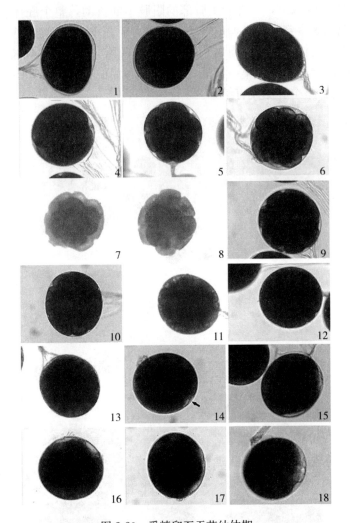

图 2-20　受精卵至无节幼体期

1. 刚排放的受精卵形状不规则　2. 受精卵变为圆球形　3. 中间正内陷的 2 细胞期胚胎

4. 4 细胞期胚胎　5. 8 细胞过渡到 16 细胞期的胚胎

6. 16 细胞期胚胎　7. 16 细胞期胚胎卵裂球的分布

8. 16 细胞向 32 细胞期胚胎螺旋卵裂　9. 32 细胞期胚胎　10. 64 细胞期胚胎

11. 64 细胞向 128 细胞期胚胎表面卵裂　12. 256 细胞期胚胎

13. 囊胚期胚胎，表面有数不清的卵裂球　14. 原肠早期胚胎，原口出现（↑）

15. 原肠期胚胎，透明区内隐约可见附肢原基突起

16. 原肠期胚胎，两透明区逐渐靠拢，胸腹褶正在形成

17. 原肠晚期，1 对胸腹原基愈合形成胸腹褶，原口消失

18. 无节幼体期胚胎，附肢原基逐渐伸长

（陈锦民，2005）

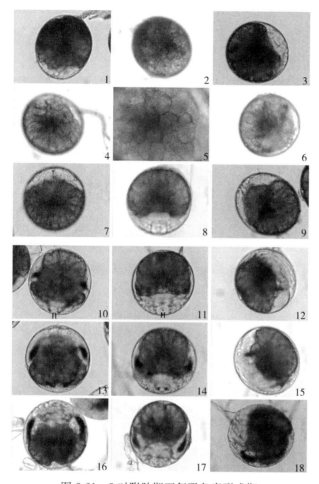

图 2-21　5 对附肢期至复眼色素形成期

1.5 对附肢期胚胎　2.5 对附肢期，透明区附近卵黄色泽变淡，卵黄块隐约可见

3.7 对附肢期，透明区约占胚胎面积的 1/4，有的附肢出现分肢

4.7 对附肢期，卵黄区色泽变淡，卵黄块清晰可见

5.7 对附肢期，透明区附近的卵黄块正迅速溶解变淡

6.7 对附肢期，卵黄区进一步转为半透明，卵黄迅速液化

7. 复眼色素带出现，颚足和胸腹褶伸长，尾叉明显（↑）

8. 丝状复眼色素带明显　9. 侧面观，卵黄占胚胎的 3/5

10. 复眼色素带斑状期，复眼近旁卵黄向内收缩，心脏透亮

11. 卵黄区在收缩　12. 侧面观，卵黄区收缩为胚体的 1/2

13. 附肢都在伸长，卵黄区在缩小

14. 卵黄区在收缩　15. 侧面观，附肢和腹部伸长

16. 复眼色素长条期，小眼界限出现，卵黄区继续缩小

17. 卵黄继续被消耗而减少　18. 侧面观，附肢明显伸长

（陈锦民，2005）

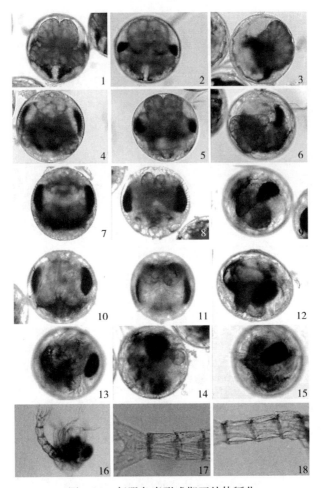

图 2-22　复眼色素形成期至幼体孵化

1. 复眼近旁及后端卵黄内陷，呈蝴蝶状　2. 卵黄区在收缩，后端圆弧形

3. 侧面观，卵黄区占胚胎的 3/4，腹部体色素带增长变深

4. 体色素与复眼色素彼此相连通，小眼界限逐渐明显

5. 卵黄收缩呈蝶状，色素变深　6. 侧面观，两瓣卵黄块交叠

7. 复眼色素带椭圆核仁期，只在头胸部剩小团卵黄，色素很浓

8. 小眼分界分明，呈放射状排列，卵黄迅速减少收缩

9. 侧面观，两卵黄块交错　10. 头胸部剩余的小团卵黄迅速溶解，色素浓缩一团

11. 口道、肠道等结构　12. 侧面观，腹部伸展很快，2 条体色素带很浓

13. 卵黄继续被迅速液化分解，色素充满整个胚胎

14. 卵黄基本被液化吸收完毕，仅剩复眼近旁一点

15. 复眼大而突出，胚胎布满色素，颜色变深

16. 第一期溞状幼体，腹部和附肢及刚毛伸展

17. 幼体腹部与尾节正面观，示分节处的短棘　18. 幼体腹部侧面观

（陈锦民，2005）

2. 胚胎发育表　为了更简洁明了地掌握青蟹整个胚胎的发育过程，陈锦民（2005）制作成胚胎发育表（水温 25.5～28.0℃、盐度 25.5～26.0）（表 2-3）。

表 2-3　锯缘青蟹胚胎发育表（根据特征显著性）

发育期	序号	卵径（μm）	卵色	显著形态特征	其他特征
受精卵	I	320	淡橘黄	第一、二极体的排放，受精膜的形成	雌雄原核的形成和融合
卵裂期	II	310	橘黄	卵分裂为 2、4、8、16 个以及更多的卵裂球	第 1 次为均等卵裂，第 2～6 次为螺旋卵裂，第 7～8 次为表面卵裂
囊胚期	III	310	橘黄	胚胎表面密集排列数不清的卵裂球	形成卵黄锥 分化成卵黄细胞和囊胚层细胞
原肠期	IV	315	橘黄	胚胎的一端出现一隐约可见的透明区	形成胚区、原口和胚外区 形成视叶、胸腹褶、背器和大颚原基 形成大触角原基、口道和视叶神经
无节幼体期	V	315	橘黄	无色透明区扩大为新月形，透明区内清晰可见各对附肢原基	出现小触角原基 胸腹褶前面裂开形成尾叉原基 形成触角和大颚的神经节
5 对附肢期	VI	320	淡橙红	无色透明区扩大至胚胎面积的 1/5，附肢原基伸长，卵黄区在靠近透明区部分色泽开始变淡，隐约可见卵黄块	形成第一、二小颚 小触角变成长叶状 胸腹褶前端尾叉增长 背器逐渐缩小消失
7 对附肢期	VII	330	橙红	无色透明区约占胚胎面积的 1/4，附肢原基继续伸长；整个卵黄区色泽变淡并转为半透明，卵黄块清晰可见	2 对颚足出现和分化成内外肢 视叶神经节、小神经节和大神经节合并成脑 肠出现，纵行于胸腹褶中央
复眼色素形成期	VIII 1	345	橘红	橘红色丝状复眼色素带出现，卵黄区占胚胎的 3/5	视叶伸长，其外侧出现复眼色素 颚足和胸腹褶迅速向前伸展盖过其他附肢

（续）

发育期	序号	卵径（μm）	卵色	显著形态特征	其他特征
复眼色素形成期	Ⅷ₂	355	棕褐	复眼色素带增大加深呈小椭圆形，腹部出现 2 条色素带，卵黄收缩呈蝶状，占胚胎的 1/2	心脏开始间歇性微弱跳动，为 25～42 次/min；附肢和复眼微弱颤动 *胸腹褶分成胸部和腹部，腹部分节
	Ⅷ₃	380	灰色	复眼色素带呈深棕红色长条形，小眼分界开始出现；卵黄进一步收缩并变淡，占胚胎的 1/4	心跳加速为 70～130 次/min，附肢和复眼颤动加剧，胚体间歇性全身扭动 第一、二颚足分节
近孵化期	Ⅷ₄ vs. Ⅸ	385	灰黑	复眼色素带呈大而显眼的椭圆形，长度约占卵径的一半；各小眼界限分明，呈放射状排列；卵黄迅速液化被吸收，最后只在复眼近旁剩余一小团	心跳达 160～200 次/min，附肢和复眼颤动更剧烈，胚体在卵膜内转动 口器形成并开始启动；与后肠相连的肛道准备排粪
幼体孵出期	Ⅹ	—	—	幼体破膜而出，成为自由游动的溞状幼体	—

3. 胚胎发育与水温的关系　青蟹胚胎发育的适宜水温为 22～35℃，最适水温在 26℃左右。水温低于 15℃或高于 35℃时，均会导致胚胎发育不正常，甚至死亡。胚胎发育所需时间与水温密切相关，在适温范围内，胚胎的发育速度随温度上升而缩短（表 2-4）。

表 2-4　青蟹孵化所需时间与水温的关系

（古群红，2006）

水温（℃）	孵化所需时间（d）	水温（℃）	孵化所需时间（d）
16	60～65	24	18～20
18	40～45	25	15～18
20	30～35	30	10～15
22	25～30		

三、幼体发育

受精卵经 10 多天孵化培育后，破膜而出的幼体即为溞状幼体（Z）。青蟹的溞状幼体期阶段需蜕壳 5 次，故分为 5 期，但也有细分为 6 期。第 5 期溞状幼体经 4～5d 培育变态为大眼幼体（M）（溞状幼体期变态至大眼幼体期所需时间约 15d）。大眼幼体经过 1 次蜕壳变态，变成仔蟹（C），期间共需培育 8d 左右；通常，将 C4 以后的苗期称为幼蟹。

1. 溞状幼体期

（1）第一溞状幼体期［图 2-23（1）］　体长 1.11～1.24mm。复眼无柄，不能活动。第一触角单肢形，不分节，末端具 4 根感觉毛，个别有 5 根［图 2-23（2）］。第二触角基肢后半部具 2 排小刺，外肢不发达，具光滑刺 1 个，长刚毛 1 根［图 2-23（3）］。大颚由两颚片组成，具齿［图 2-23（4）］。第一小颚基肢由基、底节组成，分别具刺 5 个和 6 个，内肢 2 节，第一节末端具刺 1 个，第二节亚末端具刺 2 个、末端具刺 4 个，内肢形态在以后各溞状幼体期无变化［图 2-23（5）］。第二小颚基肢由基、底节组成，基、底节均分为两叶，分别具刺（4＋4）个、（3＋3）个，内肢不分节，亚末端具刺 2 个，末端具刺 4 个，以后各溞状幼体期无变化。颚舟叶近端具刚毛 2 根，远端外缘具羽状刚毛 4 根［图 2-23（6）］。第一颚足外肢 2 节，末节末端有羽状刚毛 4 根，内肢短，细于外肢，于外肢第一节末端伸出，共分 5 节，节上刺排列依次为 2，2，0，2，5［图 2-23（7）］。第二颚足外肢 2 节，末节末端有羽状刚毛 4 根，内肢短小，于外肢第一节末端伸出，共分 3 节，节上刺排列依次为 1，1，5，以后各溞状幼体期不变［图 2-23（8）］。腹部 6 节，第 6 腹节与尾叉基部愈合未分出，除第一节外其余各节背面后端均具 1 对刚毛，第 2、3 节侧中部具一刺状突起，第 3～5 节的后侧角呈刺状突起。尾节叉状，背面具 2 小刺，内缘具 3 长刺，外缘具 1 大刺［图 2-23（9）］。

（2）第二溞状幼体期［图 2-23（10）］　体长 1.50～1.66mm。第一触角末端具 4 根感觉毛和 2 根短刚毛。第二触角形状与第一溞状幼体期相似。大颚齿数增加［图 2-23（11）］。第一小颚基、底节分别具刺 8 个和 7 个，基节外缘具 1 根羽状刚毛，以后各溞状幼体期不变。第二小颚底、基节分叶皆明显，分别具刺（3＋4）个、（5＋4）个，颚舟叶近端具 3 根刚毛，远端外缘具 5 根羽状刚毛。第一、二颚足外肢末节末端均具 6 根羽状刚毛。尾叉内缘增加 2 个光滑细小刺［图 2-23（12）］。

（3）第三溞状幼体期［图 2-23（13）］　体长 1.82～2.03mm。第一触角末端具 6 根感觉毛［图 2-23（14）］。第二触角内肢雏形形成［图 2-23（15）］。大颚齿数增加［图 2-23（16）］。第一小颚基、底节分别具刺 10 个和 8 个［图 2-23（17）］。第二小颚基、底节分别具刺（5＋5）个和（3＋4）个。颚舟叶具羽状刚毛 15～18 根，18 根者较常见［图 2-23（18）］。第一颚足外肢末节末端具 8 根羽状刚毛，内肢第三节具 1 刺，各节刺排列 2，2，1，2，5［图 2-

23（13）］。第二颚足外肢末端具8根或9根羽状刚毛［图2-23（13）］。步足雏形出现。腹部第六节与尾节分节明显，背面后端呈脊状突出，并出现小刚毛1对。

（4）第四溞状幼体期［图2-23（19）］ 体长2.70～2.91mm。第一触角末端具2根长感觉毛和2根短刚毛，亚末端具5根短刚毛，内肢芽状突起明显［图2-23（20）］。第二触角内肢较外肢略短［图2-23（21）］。大颚齿数增加［图2-23（22）］。第一小颚基、底节分别具14个和12个刺。第二小颚基、底节分别具刺（6+6）个和（6+4）个，颚舟叶具25～33根羽状刚毛，以28～33根者较为常见。第一颚足外肢末节末端具10根或11根羽状刚毛，内肢第五节增生1刺，各节刺毛数排列依次为2，2，1，2，6［图2-23（19）］。第二颚足外肢末节末端具11根或12根羽状刚毛［图2-23（19）］。第三颚足和步足已露出头胸甲。腹肢呈小棒状。尾叉背面减少一小刺，在尾叉内缘两光滑小刺间又增加一光滑小刺［图2-23（23）］。

（5）第五溞状幼体期［图2-24（1）］ 体长3.35～3.54mm。复眼具柄，能自由活动。第一触角末分节，具3排感觉毛，近端5根、亚末端6根、末端6根［图2-24（2）］。第二触角内肢有的具分节现象，内肢长于外肢，且为基肢长的4/5左右［图2-24（3）］。大颚颚须出现，并不分节［图2-24（4）］。第一小颚基节具刺15个或16个，底节具刺13个或14个［图2-24（5）］。第二小颚基节具刺（7+7）个或（7+8）个，以（7+7）个者较常见，底节具刺（7+4）个。颚舟叶羽状刚毛数为35～37根，以36根者为常见［图2-24（6）］。第一颚足外肢末节末端具11～13根羽状刚毛，以12根者为常见［图2-24（7）］。第二颚足外肢末端具12～14根羽状刚毛，以13根者较常见［图2-24（8）］。第三颚足各部分已能分辨，内肢分成5节。第1～4对腹肢双肢型，外肢2节，内肢短小，不分节。第5对腹肢单肢型，仅具外肢［图2-24（1）］。尾叉内缘一般具光滑小刺3个，个别4个［图2-24（9）］。

（6）第六溞状幼体期［图2-24（10）］ 体长3.41～3.85mm。第一触角［图2-24（11）］和第二触角［图2-24（12）］同前一期形态。大颚颚须尚未有分节现象［图2-24（13）］。第一小颚基节具刺18～20个，以20个者较常见，底节具刺14或15个，以14个者较常见（图24-14）。第二小颚基节具刺（8+8）个或（8+9）个，以（8+8）个者多常见，底节具刺（7+4）个、（7+5）个或（8+4）个。颚舟叶羽状刚毛36～39根，以38根者较常见（图24-15）。第一颚足外肢末节末端具12～15根羽状刚毛，以13根、14根者为多见［图2-24（16）］。第二颚足外肢末节末端具13～16根羽状刚毛，以15根者较常见［图2-24（17）］。第三颚足和腹肢较第五溞状幼体期更为发达。尾叉内缘具光滑小刺3个，少数具4个。

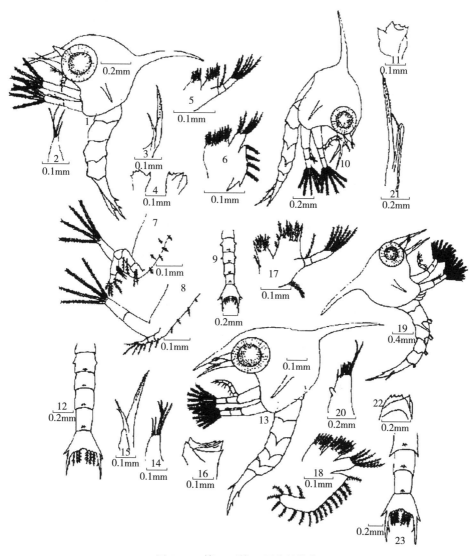

图 2-23　第一至第四溞状幼体期

1～9. 第一溞状幼体期　10～12. 第二溞状幼体期　13～18. 第三溞状幼体期

19～23. 第四溞状幼体期　1. 第一溞状幼体期整体（侧面观）

10. 第二溞状幼体期整体（侧面观）　13. 第三溞状幼体期整体（侧面观）

19. 第四溞状幼体期整体（侧面观）2，14　20. 第一触角3，15

21. 第二触角4，11　16. 大颚5　17. 第一小颚6

18. 第二小颚9，12　23. 腹部与期尾节

7. 第一颚足　8. 第二颚足

（曾朝曙，2001）

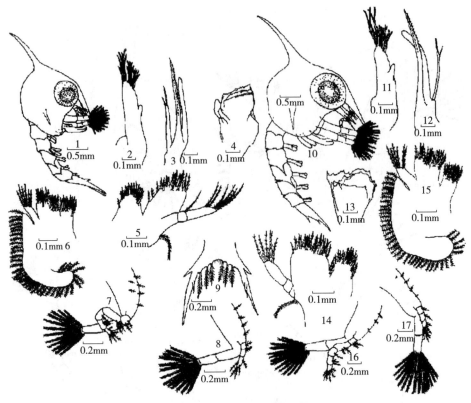

图 2-24　第五至第六溞状幼体期

1～9. 第五溞状幼体期　10～17. 第六溞状幼体期　1. 第五溞状幼体期整体（侧面观）
10. 第六溞状幼体期整体（侧面观），2　11. 第一触角，3　12. 第二触角，4　13. 大颚，5
14. 第一小颚，16　15. 第二小颚，7　16. 第一颚足，8　17. 第二颚足，9. 尾叉

（曾朝曙，2001）

第五与第六溞状幼体期的形态主要区别见表 2-5。

表 2-5　第五与第六溞状幼体期的形态主要区别

（曾朝曙，2001）

项目	第五期溞状幼体	第六期溞状幼体
体长	3.35～3.54mm	3.41～3.85mm
第一小颚	基节具刺 15 个或 16 个，底节具刺 13 或 14 个	基节具刺 18～20 个，底节具刺 14 个或 15 个
第二小颚	基节具刺（7+7）个或（7+8）个，底节具刺（7+4）个，颚舟叶状刚毛数 35～37 根	基节具刺（8+8）个或（8+9）个，底节具刺(7+4)个，颚舟叶状刚毛数 36～39 根
第一颚足	外肢末节末端具 11～13 根羽状刚毛，以 12 根为多见	外肢末节末端具 12～15 根羽状刚毛，以 13 根、14 根为常见

（续）

项目	第五期溞状幼体	第六期溞状幼体
第二颚足	外肢末端具 12～14 根羽状刚毛，以 13 根为常见	外肢末端具 13～16 根羽状刚毛，以 15 根为常见

2. 大眼幼体期［图 2-25（1）］ 体长 3.65～4.20mm。头胸甲长 2.15～2.23mm，宽 1.51～1.65mm。腹长 1.70～1.85mm。体形与成体相近，但腹部不似成体般弯贴于头胸甲下部，背、侧棘退化消失，吻棘缩短，基部变宽，眼柄伸长。

第一触角柄部由 3 节组成，第三节末端分出 2 支触鞭。内鞭 2 节，末节上生刺毛 4 根；外鞭前 4 节均具长而密的感觉毛，末节具羽状刚毛 2 根。第四节具刚毛 1 根，第二节柄部外缘具刺毛 3 根［图 2-25（2）］。第二触角鞭状，共 11 节，多数节上生有刚毛［图 2-25（3）］。大颚颚须分为 2 节，末节末端具 13 根硬刺毛［图 2-25（4）］。第一小颚底节具刺 16 个，基节具刺 25～28 个，以 27 个为常见，多数个体基肢外缘不具刺，个别具刺 2 个；外肢 3 节，各节刺毛数排列为 4，2，4［图 2-25（5）］。第二小颚基节具刺 22 个或 23 个，底节具刺（10＋4）个，也有（14＋6）个的，但以（10＋4）个常见；内肢有的具刺；颚舟叶羽状刚毛数 65～70 根［图 2-25（6）］。第一颚足外肢 2 节，末节末端具刺毛 6 根；内肢扁平，不分节，末端具光滑刺 4～11 个，以 7～9 个更常见；上肢较发达，具非羽状长刚毛，一般为 15 根或少于此数［图 2-25（7）］。第二颚足外肢 2 节，末节末端具刺毛 6 根，内肢 4 节，末 2 节具较多刺，上肢较小，不分节，无刺［图 2-25（8）］。第三颚足外肢不分节，末端具刺毛 6 根；内肢 5 节，均具刺，第一节具刺 20 多个，第二节具刺 8 个或更多；上肢具柔软刚毛，一般为 14 根［图 2-25（9）］。5 对步足发达，螯足的坐节腹面有一粗大而弯曲的刺，在指节、掌节等肢节上生有小刺毛。第三胸足的基节腹面有一粗大而垂直向下的刺。第五胸足指节较平扁，外缘有 7～9 根长刚毛，以 8 根为常见，内缘 3～7 根刚毛，以 4 根为多见，在指节的远侧有 7 或 8 根钩状长刚毛，指节的顶端呈现尖锐刺状［图 2-25（1）］。

腹部有 5 对腹肢，位于第 2～6 腹板上。除尾肢外，各腹肢均有内、外肢，外肢边缘生有许多羽状刚毛，腹肢第 1～5 腹肢上的刚毛数排列依次为 23～25［图 2-25（10）］、21～26［图 2-25（11）］、23、17～20［图 2-25（2）］、12。尾节内侧后缘有 3 个小刺［图 2-25（1）］。

3. 第一期稚蟹 头胸甲长 2.87～2.95mm、宽 3.46～3.53mm［图 2-25（13）］。体型似成体。腹部各节已弯贴于头胸甲下方。头胸甲的前侧缘均具 9 齿，其中，第 1、5、9 三齿较大，尤其是第 1、9 齿。

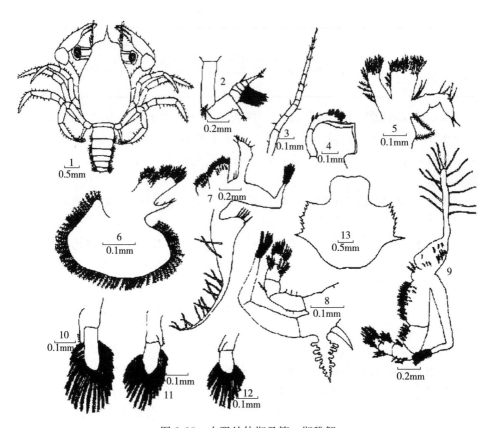

图 2-25　大眼幼体期及第一期稚蟹

1～12. 大眼幼体期：1. 大眼幼体期整体（背面观）　2. 第一触角　3. 第二触角
4. 大颚　5. 第一小颚　6. 第二小颚　7. 第一颚足　8. 第二颚足　9. 第三颚足
10. 第一腹肢　11. 第二腹肢　12. 第四腹肢　13. 幼蟹背甲

（曾朝曙，2001）

第三章　青蟹苗种生产

第一节　苗种生产场地基本条件

一、场地的环境条件

场地应选择在海水交换良好、风浪平静、无污染源的内湾中或高潮区，底质为泥沙底，沿海、河口地区、港湾海区的环境水质符合《无公害 海水养殖用水水质》（NY 5052—2001）附录Ⅰ的规定，其他环境要求应符合《农产品安全质量 无公害水产品产地环境要求》（GB/T 18407.4—2001）附录Ⅱ的规定；育苗用水盐度适宜范围为 28～30，pH 稳定在 8.0 左右，溶解氧 5mg/L，氨氮 0.5mg/L 以下，硫化氢 0.1mg/L 以下，透明度应大于 2.0m；有条件的，可在厂区旁配备专用青蟹养殖池塘。同时，电力及海、淡水供应充足，通讯、交通方便。

二、设施设备

苗种生产场主要设施包括亲蟹培育池、苗种培育池、中间培育池和饵料培育池；主要设备包括供气、供热、供水和供电系统。如在池塘、河口地区进行人工育苗，还需建有调节盐度蓄水池及海水净化池。

1. 亲蟹培育池　亲蟹的培育一般采用水泥池，室内、室外均可。室内最好在全黑屋顶同时具有良好的保温、通风功能，四周可开窗通风及方便换水操作；室外除遮光设施外，还应具备防雨设施。培养池面积一般在 15～20m²，池深 1.0～1.2m，用砖块在排水口位置隔出 3～5m² 的投饵区。池底以双层底为宜，也可在池底铺设 10～15cm 直径 0.5mm 以下的细沙。细沙面积占池底面积的 1/3～1/2，细沙上用砖或 PVC 管等搭建蟹穴，供亲蟹栖息，蟹穴数量 2 个/m²。抱卵蟹暂养池，规格一般要求为 10m²，培育池及暂养池数量根据苗种生产规模而定。

近年来，浙江、福建、海南等地在种蟹强化过程中出现死亡率升高的现象。针对该问题，乔振国等（2007）发明设计了一种青蟹种蟹双层底培育池（图 3-1）。

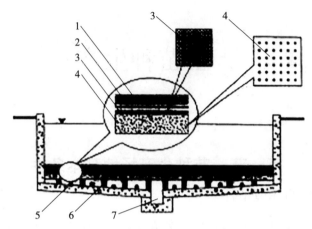

图 3-1 青蟹种蟹的双层底培育池

1. 海沙（粒径 0.07~0.10cm，厚度 10~15cm） 2.60 目的尼龙筛网 3.20mm 硬质 PVC 网

4. 水泥隔板（在距培育池底部 10cm 处，厚 6~8cm，板面按 30cm 间距开设数排孔径为 3~5cm 的小孔）

5. 气石（每 2m² 1 个） 6. 砖制隔梁 7. 排水口

2. 苗种培育设施 苗种培育设施目前最常用的有室内苗种培育室和池塘。

（1）室内苗种培育室 为苗种培育生产的主体设施，应同时具有控温、防风与通风、防雨、调光与保持水质的功能。室内墙壁可为砖石结构，并开有尽量多与大的窗户，顶部选用透光率 80% 以上的覆盖塑料瓦、玻璃钢瓦或塑料膜（布），并保证其开闭与保温、通气自如。

①幼体培育池：形状以长方形最佳，也可采用方形或圆形，面积在 16~30m²，池深 1.0~1.3m。池底、池壁要求光滑。幼体培育池必须装置供热、供水、供气管道系统。池内升温的蒸汽管道宜选用不锈钢管，管道安装要求坚固安全，便于操作、维修。

②稚蟹培育池：一般选在室外，可利用已有的鱼、贝、虾、藻类育苗用池（长方形、方形或圆形）的水泥池即可。面积 200~300m²，水深 1.0~1.5m，池底、池壁要求加固，水池堤坝内壁最好用混凝土（水泥）抹面，增强牢固度，以防稚蟹逃逸。池坝周边对角开设进排水控制调节闸门，配备增氧设施等。

（2）池塘 池塘面积可大可小，一般 200~1 000m²，塘深 1.7m。为提高育苗水体的稳定性，池塘底部铺设沙土，并在池底铺设塑料地膜，大致在每40~50m² 底面放置 1 个增氧气盘。

3. 饵料生物培养室与培养池 青蟹全人工育苗中需自行解决的主要生物饵料，包括轮虫与卤虫幼体，以及作为轮虫饵料与调节育苗池水质用的小球藻液。专用与兼用培养饵料生物的室内外水泥池，约占育苗室总水体的 60%。

此外，还要有数口小水体的桡足类筛选与暂养池等。

（1）小球藻保种与培养间　要求晴天的光照度要达到 10 000lx 以上，室内需配有人工光源，设有严格的消毒隔离设备，以防杂藻或其他有害生物污染。小球藻培育池分为 1 级培养容器（室内）、2 级培养池和 3 级培养池。

①小球藻 1 级培养容器（室内）：规格为 100、200、500、1 000、3 000mL 的三角烧瓶及 7.5～10L 容积的透明塑料袋。

②小球藻 2 级培养池：面积 2～10m²，水深 0.8～1.0m。

③小球藻 3 级培养池：面积 20～40m²，水深 1.0～1.2m，也可利用育苗池。

（2）轮虫培养池　轮虫培养池分为引种与营养强化池及规模化培养池 2 种。

①引种与营养强化池：面积 5～20m²，水深 1.2～1.4m。

②规模化培养池：面积 30～60m²，水深 1.2～1.5m，可利用部分亲鱼池或育苗池来培养或营养强化轮虫。

（3）卤虫卵孵化池及分离器

①卤虫卵孵化池：以底部呈漏斗形的圆桶为佳，面积大小为 0.5～3m²，水深 0.8～1.0m。配套有增温管、气石，上方需挂灯（钨丝灯最佳）（图 3-2）。

图 3-2　卤虫卵孵化器及其装置

②卤虫卵分离器：分离器由 3 个小水槽组成；中间水槽不透光，两侧壁中下部有 2～3 条 1～2cm 宽、与两侧水槽相通的横裂口。裂口处设有隔板，两侧水槽上安装有卤虫无节幼体诱集光源（图 3-3）。

（4）供水系统　日供水量不少于育苗与饵料池总水体。且设施设备应分两个单元以上设置，以备轮流使用与维护，包括水泵及泵房、蓄水沉淀池、砂滤池和配套的各种管道与阀门。有条件的可设置废水生物净化处理、循环利用的水产养殖水循环过滤系统，包括配备蛋白过滤器等机械过滤、硝化池等生物净化、臭氧消毒池等微生物灭杀及其他配套的设施设备。该系统可对养殖用水进

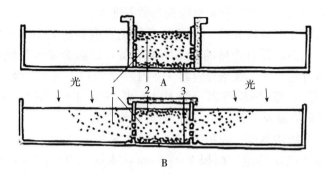

图 3-3　卤虫无节幼体同卵的分离器
A. 已孵化的无节幼体、卵壳和坏卵放入中间水槽，裂口开关隔板未拔去的情况
B. 中间水槽加盖，拔去裂口开关隔板，打开光源，无节幼体通过裂口向两侧水槽运动情况
1. 无节幼体　2. 卵壳　3. 未孵化的坏卵

行 24h 循环处理，可将养殖废水经过处理后再次投入养殖池内使用，每天仅需添加少量新的海水；该水处理系统具有水温恒定、水质良好和养殖耗水量少的优点；实现水产养殖污水的零排放、养殖水体无病原、无废物残留；同时，达到水体含氧量充足、养殖不用药的目标。

（5）调温系统　育苗场应配备锅炉或空气能的增温设施，以及配套的送汽管、增温池内散热管、各种阀门。同时，还要配套 $50\sim100m^3$ 大小的预热水池。有条件的育苗单位还可设置制冷设备。

（6）充气增氧系统　配备 $1\sim5kW$ 功率的罗茨鼓风机或吸吹两用增氧泵，以及配套的主送气管道与分支送气管道、阀门、散气石。

（7）水质分析与生物检测室　有条件的育苗单位要设置专门的工作室，配备简便的水质（含盐度、溶解氧、酸碱度、氮、磷、硫等）分析与生物体（含大黄鱼仔稚鱼、饵料生物、病原体）检测的人员与仪器设备。

（8）其他　育苗期间尚需配备小型潜水泵数只，各种网目换水箱数只，换水管数根，以及轮虫采集箱、海区桡足类采捕网具、各种塑料容器、氧气钢瓶、冰箱、搅拌器等。

第二节　亲蟹的培育

一、亲蟹来源

亲蟹的来源有两种，一种是从天然海区捕获的膏蟹或者抱卵蟹（开花蟹）；另一种是从人工养殖的菜蟹或育肥的膏蟹中挑选。

有条件的地方，最好选用当地天然海区捕获的亲蟹最为理想。该蟹具有病害少、产卵质量好、育苗效果也好于人工养殖的膏蟹的优点，是育苗用亲蟹的首选。以人工养殖的膏蟹作为亲蟹，购买时要预先考察养殖区情况，选择养殖面积大、水质条件好、无病害的膏蟹作为育苗用亲蟹。

二、亲蟹的选择与运输

进行人工育苗，选择亲蟹是关键。根据实践经验，亲蟹要选择体形大、健康无病、附肢完整无缺的个体，并且数量充足。一般选用海捕抱卵蟹，收购海捕抱卵蟹，更要选择无外伤、附肢健全、活力强的个体。并且要腹部坚实、紧收，卵块形状完整，色泽鲜明。亲蟹头胸甲宽一般 13cm 以上，每只重量应在 350g 以上。

亲蟹选好后运输时，用湿草绳捆绑亲蟹螯足，防止互相攻击致伤，采用活水或充氧运输。尽量缩短运输时间，要避免长时间的干露及盐度、水温的剧烈变化。短距离无水运输时，防止日晒、风吹、雨淋；长距离运输必须采取浸水运输，途中充气，并保持水温在 20℃ 以下为宜。

三、亲蟹的培育

1. 亲蟹放养 运来的亲蟹，当晚放在 0.5t 玻璃钢水槽中暂养，第二天将亲蟹放入培育池（全池泼洒 $5g/m^3$ EDTA-2Na；并坚持每 2～3d 泼洒抗菌药，如聚维酮碘 $1g/m^3$）中培育，稳定 3d 后，逐步调整盐度至 26～30，温度至 25～26℃，注意日盐度变幅不超过 2，温度变幅不超过 1℃；开始升温，每天升 0.5℃，升至 26℃ 时恒温培育。亲蟹培育密度不超过 2 只/m^3，以避免相互缠斗，损害亲体；培育池要挂黑布遮光，培育期间小气量充气。

2. 培育管理

（1）水质调控 亲蟹培育要求水质清新，水温 16～26℃，盐度 16～20，溶解氧3mg/L 以上，水位 60～70cm。每天全量换水 1 次，日换水量80％～100％，每天排水换水时干露 1～3h。换水时清除死蟹、残饵、粪便。每 5d 将池底的细沙彻底冲洗 1 次，保持底质清洁。由于青蟹在夜间和凌晨产卵，卵的收集和卵膜的硬化需要一定时间，因此，换水应在 08:00 时以后进行，以免影响亲蟹产卵。

（2）饵料 亲蟹饵料以沙蚕为主，以低值鲜活贝类为辅。沙蚕营养价值高，有利于促进亲蟹的性腺发育和提高蟹卵质量。每天换水后投饵，投饵量以下次投喂时略有剩余为度，日投喂量为亲蟹体重的 5％～10％。

（3）观察 每天应仔细检查亲蟹的状态。对未抱卵的亲蟹，如发现有抱卵蟹，要及时捞出，专池培育；对抱卵蟹要经常观察卵的颜色变化，以便做好孵化准备。

（4）消毒 每隔 2～3d 用高锰酸钾或福尔马林消毒 1 次。如有聚缩虫附生时，可用 0.7mg/L 的硫酸铜药浴 10min。

3. 催熟、产卵与孵化

（1）催熟　如果 15d 之内不能产卵，即要对青蟹性腺进行催熟。催熟方法有两种：采用干露与灌水交替刺激法和剪除眼柄法。

①采用干露与灌水交替刺激法：每天换水时排净池水，阴干 1～2h，然后加水，反复几次后亲蟹即可产卵。阴干要选择在气温和水温相近的时间段进行，避免温差过大。同时，要注意阴干时间不宜过长，以免刺激过大，影响蟹卵质量。

②采用剪除眼柄法：剪除眼柄的方法有两种。一种是直接切除法，即用小剪刀或烧红的镊子在眼柄基部用力夹；另一种是低温麻醉切除法，即将亲蟹置于 3～4℃条件下 10～20min，待其"麻醉"（以触眼柄下缩入眼窝为准）后再行切除。采用冷冻后切除眼柄，不但易于剪除眼柄，而且对亲蟹伤害较轻，效果更为理想。剪除眼柄后，亲蟹存活率几乎达到 100%。

实践证明，剪除 1 个眼柄比剪除 2 个眼柄的效果更佳。但在剪除眼柄时一定要慎重，必须掌握好时期，否则将导致后续孵化率降低。

（2）产卵　亲蟹以自然产卵为最好。性腺发育好的亲蟹，入池后 2～3d 即可陆续产卵。在培育时应注意观察卵的颜色变化，随着胚胎发育的进行，蟹卵颜色变化为橙黄色→浅黄色→灰色→棕黑色→黑色。

（3）孵化　当卵的颜色达黑色时，胚胎发育到心跳 150 次/min，用 50mg/L 的制霉菌素浸泡处理 2h。应及时把抱卵蟹装入蟹笼，放入培育池中产卵孵化。抱卵蟹移入之后，池中要不断充气，并要密切注视其孵化情况。亲蟹孵化一般都是在 05∶00～08∶00，尤其是 06∶00～07∶00 孵化更为常见。孵化时间多在 1h 左右。孵化结束后，应立即把亲蟹取出，放回培育池。并继续投精饵培育，使其性腺再发育，为再次抱卵做好管理。孵化时水温控制在 26℃左右最为适宜，最适盐度为 26～30。

青蟹受精卵孵化应注意以下事项：

①必须认真观察胚胎发育的情况，做好孵化前的准备工作。当受精卵呈浅灰色或深灰色时，在解剖镜下观察到卵膜内的胚胎出现眼点和跳动，应抓紧时间做好亲蟹的消毒和幼体孵化池的准备工作。对孵化池进行清洗，彻底消毒，然后放入过滤海水。

②在孵化之前，要用过滤海水洗净抱卵蟹上的污泥。如发现聚缩虫附着，应使用 0.7mg/L 的硫酸铜浸泡消毒 1h 左右。否则，将会把聚缩虫带进幼体培育池。

③掌握好孵化池中的幼体密度，把清洗消毒后的亲蟹装进笼内，垂挂在孵化池中进行孵化。孵化时使用亲蟹的数量与亲蟹的怀卵量、孵化池大小及孵化时应掌握的幼体密度有关。孵化时应掌握的幼体密度，主要取决于水温的高

低。水温在 25℃时，孵化幼体放养密度应不超过 50 万个/m³；当水温上升到 30℃时，孵化幼体密度应掌握在 25 万个/m³ 以下。怀卵亲蟹用量可按下列公式计算：

$$孵化时怀卵亲蟹用量＝\frac{应掌握幼体的密度×孵化池水体}{亲蟹平均怀卵量×孵化率（％）}$$

④孵化池水温日夜温差不应超过 1℃，发现水中出现刚孵化的溞状幼体时，充气量要小；当幼体数量达到预定的要求密度时，应立即把亲蟹移开。

第三节　全人工青蟹苗种培育

一、工厂化苗种培育技术

1. 溞状幼体的收集　溞状幼体孵化后，可用 60～80 目的筛绢收集到育苗池培育。在条件允许的情况下，尽量做到同一批苗放入同一育苗池中，使幼体发育相对一致，避免互相残食，以提高苗种的成活率。

2. 培育密度　幼体的培育密度见表 3-1。

表 3-1　幼体的培育密度

（王立超等，1998）

项目	Z1	Z2	Z3	Z4	Z5	大眼幼体
密度（万只/m³）	5	3～4	2～3	2～2.5	0.6～2	0.3～0.6

3. 饵料系列　刚孵出的溞状幼体Ⅰ期即要摄食，适口的饵料是育苗的关键。因此适量投喂适口饵料，可大大提高其成活率。据研究表明，如溞状幼体开始摄食不及时或推迟半天，蜕壳时间就会推迟 1d，蜕壳成功比率也就会大大降低。当前在育苗中，溞状幼体Ⅰ期和Ⅱ期的死亡率较高，显然与开口饵料有关。生产实践中，在适宜的水温、盐度、溶解氧、酸碱度、光照、水流和底质等生态条件下，采用生态系育苗技术，可大量培养生物饵料，以活体生物饵料的多样性营养互补，采取藻类、轮虫、卤虫、桡足类等动、植物饵料的组合。在溞状幼体前期，以投喂单细胞藻类、轮虫为主，辅以投喂卤虫、蛋黄；溞状幼体中后期，以投喂卤虫为主，辅以桡足类和藻类。这样能使溞状幼体的变态存活率提高到 60％以上。

一般情况下，溞状幼体Ⅰ期（Z1），投喂螺旋藻粉和轮虫；溞状幼体Ⅱ期（Z2）和溞状幼体Ⅲ期（Z3），投喂轮虫；溞状幼体Ⅳ期（Z4），投喂卤虫无节幼体并兼投少量轮虫；溞状幼体Ⅴ期（Z5），投喂卤虫无节幼体；大眼幼体期投喂卤虫成体。根据实际情况，每天投喂 1～2 次，日投饵量见表 3-2。

表 3-2　溞状幼体各期日投喂量

(潘玉敏等，2003)

不同阶段	螺旋藻粉 （mg/L）	轮虫 （个/mL）	卤虫无节幼体 （个/mL）	成体卤虫 （个/mL）
Z1	6	5～10		
Z2	3	10～15		
Z3		12～20		
Z4		5	5～8	
Z5			10～15	
大眼幼体				150

4. 日常管理

（1）水质及其调控

①换水：Z1 期以加水为主；Z2 期少量换水；至 Z5 期日换水量为 20%～50%。培育期间水温控制在 24～26℃，盐度 Z1 和 Z2 期为 31～32，Z3 大眼幼体25～30，pH8.0～8.3，NH_4^+-N＜0.3mg/L。为防病害发生，育苗用水加 EDTA-2Na 5mg/L，以防重金属离子含量超标对幼体造成危害。

②充气：Z1 气量较小，气流呈微波状；Z2～Z3 期，气量加强，翻腾状为好；Z4 期以后加强充气，呈激烈翻腾状。

③吸底、换池：在育苗过程中，如果池底较脏，要用吸虹管吸底，清除脏物。必要时换池，以防泛池。

④添加有益微生物：目前，青蟹苗种生产上使用的微生物制剂，主要是光合细菌制剂和乳酸杆菌复合制剂。①光合细菌制剂。该制剂通过光合作用，能有效吸收水体中的氨氮、亚硝酸盐、硫化氢等有害物质，有效调节水体中pH。此外，光合细菌体内富含维生素 B_{12}、生物素、辅酶 Q 等促生长成分，有助于提高早期幼体的存活率。光合细菌在青蟹苗池中的使用量：Z1 布苗时一次性施放 $10mL/m^3$；开始换水的 Z3 阶段后，在各期变态的第 2 天施放 3～$5 mL/m^3$。②乳酸杆菌复合制剂。该制剂以乳酸菌为主导菌、辅以酵母菌等有益菌培养而成。性质稳定，能分解小分子有机物，平衡浮游微藻藻相，并可吸收养殖水体中的氨氮、亚硝酸盐、硫化氢等有害物质，具有净化水质的效能；并能抑制藻类过度繁殖，使水色保持清爽、鲜活。青蟹育苗过程中，可从 Z1入池当天就起就加入乳酸杆菌复合制剂，每天加入量为 $5mL/m^3$，育苗后期阶段可与光合细菌制剂一起加入。

（2）光照　幼体对光照要求较高，青蟹人工育苗过程中光照度以1 300～1 500lx 为宜。

（3）病害防治　水温在 28℃以上时，要定期投放土霉素、氟哌酸或中药黄连素等抗菌药物，以预防细菌性疾病发生，投放量以 0.5～1.0mg/L 为宜。

（4）勤观察、记录　观察记录项目包括上述各个技术措施，以及日常管理中发现的新问题和解决的办法等。

二、池塘生态苗种培育技术

1. 培育前的准备　布苗前 10d，引入砂滤海水至 80cm 深，用漂白粉消毒，杀灭水中病原微生物、青苔孢子、藤壶及野杂鱼苗等有害生物。待余氯消失后，全池泼洒复合肥，每立方米水体 10g 和每立方米水体尿素 510g，并引入 10cm 深的小球藻液，培养 4～5d。当池水变暗绿色后引入轮虫，密度为 4～5 个/mL，培养 5d 后，轮虫密度可达 10 个/mL。

2. 布苗　为防止抱卵蟹携带纤毛虫或其他病原生物进入育苗池，需用浓度为每立方米水体 20mL 的甲醛溶液药浴抱卵蟹 1～2h。之后，将抱卵蟹放入孵化框内，并吊挂在池塘中，幼体孵化后会自行通过孵化框的小孔分散于池塘中。为维持小球藻和轮虫在池塘中的丰度，可在同一天或前后两天放置多只抱卵蟹于池塘中，使孵化出的 I 期溞状幼体密度大致在每立方米水体 1 万只。

3. 生物饵料的调控　轮虫是青蟹I期溞状幼体（Z1）到Ⅱ期溞状幼体（Z2）的主要生物饵料，卤虫无节幼体是 Z3 到大眼幼体（M）期的主要生物饵料。因为池塘育苗幼体放养密度远低于工厂化水泥池育苗，约为 10%。所以，前期在池塘中培养的轮虫（10 个/mL）能够满足 Z1 和 Z2 期的营养需求；在 Z2 后期适量加入刚孵化出膜的卤虫无节幼体，有助于提高 Z2 至 Z3 期的变态成活率。

随着幼体的发育，其对营养的需求和捕食能力逐渐提高。自 Z3 期开始，投喂卤虫无节幼体的孵化时间需要逐渐延长。如 Z4 和 Z5 期的卤虫，孵化时间可延长至 24～30h。同时，自 Z4 期开始，投喂适量的桡足类供幼体捕食。当幼体发育到 M 期后，需要增投卤虫成体和贝类肉糜。总之，在 Z1 和 Z2 期，应保持水体中具有充足的轮虫；在 Z3～Z5 期，应维持水体中卤虫的适当密度（2～3 个/mL），并添加桡足类。M 期后，可投入适量的低值鱼、贝类肉糜，投入量应与幼体总重一致。

4. 日常管理

（1）水质及其调控

①水质指标的观测：定时检测水温、盐度、pH、溶解氧、氨氮、重金属离子等，发现超标应及时采取措施进行调整。池塘的水环境应控制在水温26～32℃，盐度 25～32，pH7.8～8.5，氨氮低于 0.5mg/L，亚硝态氮低于 0.105mg/L，硫化氢不得检出。

②换水：区别于室内水泥池育苗的频繁换水，池塘育苗过程中基本不需换水，但要定期（2～3d）添加一定量的小球藻等单细胞藻液，每次添加深度为

3～5cm。单细胞藻类有助于降低水体中氨氮和亚硝态氮的含量，提高水环境中的溶解氧含量，从而提高幼体成活率和出苗率。此外，自 Z3 期开始，需要每天向苗池内注入一定量的淡水，每次添加量为总体积的 2%～3%。添加淡水有三个作用：一是改善育苗池水质量；二是满足青蟹随着生长发育逐步趋向低盐环境的生理需求；三是补充因蒸发而损失的水量。

③池塘水环境生物调控：A. 单细胞藻类营养调控法：放苗之前，必须先培养单细胞藻类，施放单细胞藻类营养素。应根据养殖池的特点，选用合适的营养素并妥善使用。对于一些多年养殖未能清淤的池塘，则应选用无机复合营养素，以促进养殖水体中的单细胞藻类快速生长繁殖，形成优良的藻相。同时，也要搭配投入一定量的有益微生物制剂，降解转化池底的有机物，成为长效肥源。养殖前期，池塘的透明度一般都比较高，这为单细胞藻类的生长和大量繁殖创造了良好条件。但由于饵料投入量少，容易造成水体营养缺乏。因此，需要在养殖过程中适量使用营养素或无机有机复合营养素，也可选用溶解态复合营养素，以补充养殖水体的营养。养殖期间，如遇大雨、降温或消毒剂使用不当等原因而出现藻类大量死亡、水色变清时，可先用芽孢杆菌降解藻类残体，同时，补充无机复合营养素或溶解态复合素，重新培养单细胞藻，营造水色。B. 微生物制剂调控法：由于芽孢杆菌可以快速降解养殖池塘中的有机物，使其转化为单细胞藻类生长所需的无机营养元素，因此，芽孢杆菌可作为放苗前使用的主要微生物制剂。在池塘养殖过程中，每天都在不断地产生各种代谢产物。其中大分子的有机质，如养殖生物的粪便、残饵、浮游生物残体等，都需要依靠化能异养细菌等微生物降解转化。为维持有益菌在池塘中的优势地位，需每隔 10～15d 补施芽孢杆菌。在池塘养殖中，芽孢杆菌、乳酸杆菌和光合细菌协同施用的效果，会明显优于各菌株单独施用的效果。

（2）幼体观察　在育苗期间，经常观察幼体活力、摄食、变态等情况，如发现异常，及时查明原因，采取措施。

（3）病害防治　水温在 28℃ 以上时，要定期投放土霉素、氟哌酸或中药黄连素等抗菌药物，以预防细菌性疾病的发生，投放量以 0.5～1.0mg/L 为宜。

（4）勤观察、记录　观察记录项目包括上述各个技术措施，日常管理中发现的新问题和解决的办法等。

第四节　自然青蟹苗种采捕

目前，人工育苗不能满足青蟹生产的苗种需求。因此，在青蟹繁育季节，人工采捕自然蟹苗在今后一段时期内仍将是苗种的主要来源，采捕的种苗主要是大眼幼体和幼蟹。

一、采捕季节

种苗的采捕季节因地而异，在南海沿岸除冬季外，从 4 月起几乎全年可捕到，但有旺季。如浙江在 4—11 月可捕捞到大眼幼体苗种，旺季是 5—6 月和 8—9 月；广东东部沿海旺季在 5—7 月和 9—11 月；台湾沿海几乎全年都有蟹苗的出现。

二、采捕方法

根据蟹苗的生态习性和运动规律进行采捕，现简要介绍以下几种方法：

1. 蟹篓给饵诱捕法 常在内湾或河口中进行，篓由竹编制而成，有易进难逃的特点。诱捕时，需把诱饵（杂鱼、牡蛎肉、花蛤肉等）夹在篓内，沉入海中，经一段时间后，提起蟹篓取出蟹苗。此法可捕捞强壮的蟹苗，方法简易可行，是一种优良的采捕方法。

2. 利用捕食习性进行捕获 海水涨潮时，蟹苗会成群结队地游到贝类生长繁茂的区域觅食，尤其是在贝类养殖场周边刚退潮时，可见蟹苗到处流窜，此时极易捕到蟹苗。有些地区利用退潮蟹藏匿在洞穴的习性，在潮间带较多的滩涂或贝类养殖场附近，人工挖穴或用脚踏上脚印，待下次退潮时即可捕捞到大量的蟹苗。

3. 网具捕捞法 网具捕捞的方法有 3 种：

（1）定置网捕捞 把网具固定在海边滩涂上，当蟹苗随潮水流进网内时，即可捕获。

（2）推罟网捕捞 碰见无潮流时或在涨、退潮时，蟹苗不易进入定置网，故要用罟网下海推拉捕获。

（3）抄网捕捞 涨潮时潮水达到岸边时，用抄网捞取蟹苗。因蟹苗有夜晚觅食的习性，此时捕捞的量较大。因白天水温高，蟹苗容易死亡，所以多在傍晚或凌晨 03:00～04:00 进行，效果最好。

三、天然蟹苗的选择

种苗经严格选择后，成活率高，也可在短时间内养成商品蟹。选择蟹苗的标准如下：

1. 体质健壮 体质健壮，甲壳青绿色，肢体完整，无伤残，活力强的个体为优质种苗。出现甲壳为深绿色或绿色，腹部和步足为棕红色或铁锈色，步足残缺的，尤其是螯足或游泳足缺损的或受到刺、钩或日晒而带有外伤的，属质量差的种苗，均不宜作为种苗放养。体重上，福建以南沿海捕捞的天然蟹苗体重多在 20～50g，经 2～3 个月的饲养，可养成膏蟹或肥蟹。

2. 无病　辨别病蟹可从足的基部肌肉色泽来看。强壮的蟹呈现蔚蓝色，肢关节间肌肉不下陷，具有弹性；病蟹则呈现红色或白色，肢关节间肌肉下陷，无弹性，此类种苗不宜养殖。

3. 剔除寄生的蟹奴　在腹节内侧基常有1~2个蟹奴寄生。蟹奴呈现卵圆形，体柔软，专吸寄主的营养维持生活。蟹奴寄生在雌蟹上，会影响卵巢发育，不能养成膏蟹；蟹奴寄生在雄蟹上，不能养成肉蟹。因此选择种苗时，应把蟹奴剔除。

四、蟹苗鉴别

捕捞的天然蟹苗中，经常会混有许多短尾类的幼体。除了少数形态差异较大、易于分辨的杂蟹苗，如隆线拳蟹（也称和尚蟹）、豆形拳蟹、海蜘蛛、扁蟹、蝤蛑等可以随时剔除外，还有许多与青蟹的大眼幼体形态很相似的梭子蟹类幼体，难以区别。现将这些蟹的溞状幼体以及大眼幼体的主要区别简述如下：

1. 溞状幼体的主要区别

（1）幼体发育期数的差异　青蟹可分为5期或6期；而远海梭子蟹和底栖短桨蟹只有4期。

（2）颚足游泳刚毛数的差异　在末期溞状幼体的第一、第二颚足上，羽状游泳刚毛的数量，青蟹较多，有［12＋（1~4）］根；远海梭子蟹次之，有（12＋1）根；底栖短桨蟹刚毛最少，只有（10＋3）根。

（3）尾节双叉上的小棘形态和数目的差异　青蟹和远海梭子蟹尾叉上的小棘虽然都有2对，但是远海梭子蟹显得较小而且呈现弯曲状；底栖短桨蟹则只有1对（图3-4）。

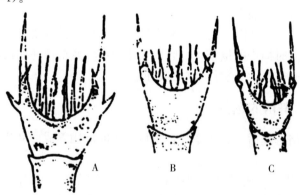

图3-4　种蟹大眼幼体尾叉的区别

A. 青蟹小棘2对　B. 底栖短桨蟹小棘1对

C. 远海梭子蟹小棘2对，小而弯曲

（古群红等，2006）

（4）背棘外观上的差异 远海梭子蟹溞状幼体的背棘长度较长，而且与头胸部几乎垂直，在末端形成 90°的弯折，当处于 II 期溞状幼体时，背棘外侧出现鲜红色素；而青蟹和底栖短桨蟹的背棘较短，没有那样的垂直、弯折及鲜红色素。

2. 大眼幼体的主要区别 青蟹、远海梭子蟹和底栖短桨蟹的大眼幼体，在形态和颜色上的差异见表 3-3。用肉眼、放大镜和低倍显微镜仔细观察，就可将它们区分开。

表 3-3 3 种蟹的大眼幼体形态和颜色差异

（古群红等，2006）

鉴别特征	青蟹	远海梭子蟹	底栖短桨蟹
体型大小	最大	较小	最小
头胸甲外形（背面观）	尖顶宽腹圆壶状	与两者均有差异	三角形，额部也略呈三角形
体色	淡黄色或粉红色，略透明	黑色	较透明
头胸甲长（mm）	2.75～3.17	2.29	1.69
头胸甲宽（mm）	1.68～1.90	1.25	1.53
螯足	最大，尤其指节与掌节特别粗壮	较小	较小
末对步足的指节	扁平	扁平	不扁平，与其他步足一样
腹甲棘大小（μm）	30×26	10×26	无

注：腹甲棘为头胸部左右末端延长部分，呈大角 1 对。

第五节 稚蟹的培育

幼蟹培育，是指将人工培育或天然海区捕捞的蟹苗（大眼幼体）强化培育成幼蟹的过程。并可根据养殖需要，继续培育成较大规格的幼蟹。通过强化培育，幼小的蟹苗得到人工保护，减少了蟹苗在自然条件下因敌害侵袭和环境不适而造成的死亡。

一、培育前的准备

1. 清池 在蟹苗放养之前，应先进行清池。新池必须先进水浸泡 1 个月以上，旧池则要洗净后用药消毒。水泥池每立方米水体用漂白粉（有效氯为30％～35％）30～50g，先用少量水调成糊状，再加水稀释，泼洒全池，药性消失时间为 1～2d；或每立方米水体用石灰 375～500g，可干撒，也可用水化开后不待全冷却时泼洒。药性消失时间约为 10d，待药性消失后即可放养。

2. 进水及养殖水体淡化　所有进入培育池的海、淡水，必须经过沉淀并用 120 目或 150 目筛绢过滤。蟹苗阶段的盐度（3～5d 内）为 30～35 时，开始逐渐淡化，每天约加淡水 1/10。待大眼幼体变态为幼蟹后，盐度可降至 15～20。

3. 水温与盐度的调节　蟹苗放养前，水温与幼体培育时温差不超过 1℃，盐度差不超过 5。

二、培育管理

1. 放养密度　选择健康的蟹苗进行放养，放养密度为每立方米水体 1 500～2 000 只。

2. 饵料选择　蟹苗和幼蟹喜食动物性饵料，在刚放养的大眼幼体期间，一般可投喂糠虾、碎虾肉、碎贝肉或碎小杂鱼。每天早晚各投 1 次。投喂量要看前天饵料是否完全被吃完以及残饵多少而增减。幼蟹的饵料基本上与蟹苗一样，但蟹苗的饵料较为细小，幼蟹则可以稍微粗大一些。所用饵料都必须新鲜。

日投喂量为体重的 8% 左右，并视摄食情况而酌情增减，少量多餐，合理投喂。

3. 日常管理

（1）添换水　培育期间，保持水质新鲜，每天换水 1 次，换水量为池水的 1/5～1/2。

（2）清除残饵　每天清晨要清除残饵等有机碎屑和死苗，使苗种在良好水质中生长、发育。

（3）巡逻　每天早、中、晚各巡逻 1 次，观察水质变化，检查摄食和活动情况，注意是否有敌害生物出现及病毒发生，检查进、排水和其他设施状况等。发现问题，要及时处理。

三、出池、计数与运输

1. 出池　幼蟹出池时间应在 C2 期变态完成后的第 2 天，要避免在变态期间出池。幼体出池前 2～3h 停喂大卤虫，以免混入苗中，造成称重困难和影响运输成活率。幼蟹培育出池之前，要调整盐度、水温，使其与用户养殖池的一致。出苗顺序：先将附着基上的幼蟹提出放入水槽中，然后用虹吸法进行排水，水排至 30～40cm 时，将蟹苗由池底排水孔放入集苗箱。

2. 计数　由于蟹苗多分布于水下层，因此，生产上蟹苗的计数方法一般采用重量法：准确称取一定重量的幼蟹后，计算其个体数；然后称量全部个体重量；用总个体重量数，乘以单位个体量的幼体个数，即为总苗种数。

3. 运输

（1）用帆布桶或塑料袋运输　帆布桶装苗种数量每立方米水体 1~2kg；塑料袋规格为 30cm×60cm 的可装蟹苗 0.1~0.2kg。为防止运输途中蟹苗互相残食，运输容器内可装有附着基。

（2）蟹苗箱（木箱、泡沫箱等）运输　在其底部铺设一层湿水草，码上一层蟹；再铺一层水草，使幼蟹不致碰伤。不要重叠太多，最后盖上硬框纱窗布，便于途中喷淋海水，提高运输的成活率。

第四章　成蟹养殖技术

将不同规格的幼蟹或大眼幼体，经中间培育（广东称为标粗）成幼蟹，进行养殖成商品蟹或成蟹的过程，称为成蟹养殖。青蟹养殖有各种形式，目前仍以池塘养殖为主，还有水泥池、笼养、陆基"蟹公寓"循环水养殖等方法。从商品的角度，可分为青蟹育肥（膏蟹）和软壳蟹的培育。

第一节　池塘无公害养殖技术

一、养殖设施

1. 池塘面积　一般以 $0.7\sim2.0hm^2$ 为宜，若面积过大，排灌水较困难，且基建需要大量人力、物力。我国台湾地区蟹池小，多数是 $350m^2$；深圳南头，中国水产科学研究院南海水产研究所的养蟹池都在 $300m^2$ 以内，易管理。目前，由于苗种主要来自天然捕捞，数量有限，规格与体重各不相同，育肥的时间也不一致。因而要按不间规格分池饲养，若面积过大，种苗不足，既浪费水面，又难于收获；面积小灵活机动，易于管理。但是当前不少地区利用对虾养殖池养蟹，面积为 $13.3\sim20.0hm^2$。

2. 池塘构造　可分单塘、双塘和"田"字形塘三种。一个蟹塘一个闸门的称单塘；两塘相靠三个闸门，其中一个闸门互通两个塘的叫双塘；四个池塘连成"田"字形，称为"田"字形塘。池底平坦为好塘，水最好能对流。福建养蟹沿堤有环沟，宽 2m、深 1.2m，以给蟹提供寻找食物的场所，也是人工投饵的地点。具体说来，一个养蟹塘一般有堤坝、闸、滩、池沟、防逃和防斗设施等几部分构成。

蟹池池底为"锅底形"的池效果最好，青蟹喜欢栖息在不同深度的水层。投饵点沿池边浅处，这样残饵易检查和清理。如果是泥底的池塘，在投饵处要适当铺沙。

（1）堤坝　分为水泥与石块砌成和用土堆积成两种。土质结构的堤要宽大，经得起风浪的冲击，在堤面内侧与堤身垂直密集地插入 30cm 长的竹箔（插入泥中 $10\sim15cm$）或用沥青纸顺堤边围起来，防止蟹外逃。用水泥石块砌成的堤，垂直砌起来即可，蟹就无法外逃。

（2）闸门　闸门是池塘进、排水的口子，其作用是控制水位、交换水体、调节盐度、放水收蟹和阻止敌害侵入等。闸门可用水泥与石块砌成。如1.3hm²的蟹池，闸门宽70cm、高140cm。闸门要设在港中水沟处，灌水能直接从沟中入水，闸门要求坚固耐用，尤其是外闸门要经得起台风的侵袭。闸门用木料制成，可连成一块或几块，在闸门内要设竹篱笆或聚乙烯网，以防止蟹外逃。福建沿海养蟹池在闸门进口处，有1个深水坑，水深在3m以上，以供蟹避暑用。

二、放养前准备

1. 清整　池塘的清整主要包括清塘和除害两项工作，即指清除塘内一切不利于蟹生长和生存的因素。主要清除对象为有机沉积物、捕食蟹苗的敌害生物、争食生物、破坏池塘设施的生物及致病生物。清塘除害彻底与否，是养蟹能否获得稳产高产的必要措施之一。

（1）清塘　清塘即清除淤积于池塘中的残饵、蟹的排泄物、生物尸体等有机物。这些有机物，是造成蟹塘老化和低产的原因之一。大量的有机物在冬季分解很慢，翌年进水后随着水温的升高，便大量分解，既消耗大量溶解氧，又产生各种有毒物质，轻者影响蟹的生活和生长，重者则可造成蟹的死亡。因此，老的养成池塘，尤其是养殖密度较高的池塘，最好是每年都进行一次清淤工作。

具体方法是当蟹收获之后，打开水闸，用海水反复冲洗池塘，洗去池塘内的有机沉积物和沟底的淤泥。然后排干池水，封闭闸门，日落晒池底，使残留的有机物进一步氧化分解。污染程度较严重的精养塘，应组织人力或使用吸泥泵，将淤泥清除出去。

在清淤的同时，还应进行池塘的维修工作，即修理堤坝、闸门和防逃设施，清整池底和沟渠，堵塞漏洞等。

（2）除害　主要是清除池塘内有害的致病生物、捕食性生物、争食性生物及其他有害生物等。清除敌害生物的主要措施：一是收蟹后将塘水排干，封闸曝晒，冰冻一冬，让各类生物基本死亡；二是翌年注水时，闸门设置严密的滤水网，防止有害生物进入塘中；三是在蟹苗放养之前，进行药物清塘，杀死敌害生物。用于清塘的药物有多种，下面介绍几种常用药物清塘除害的方法，以供选用。

①生石灰：不仅能杀死鱼类、杂虾、寄生虫及微生物，而且可改良池塘底质，增加水中钙离子的含量，促进蟹的蜕壳生长。每立方米水体用量为375～500g（但实际生产中，由于石灰质量下降或其他原因等，比此数值要大得

多），可干撒，也可用水化开后不待全冷即全池泼洒。药性消失时间为 10d。

②漂白粉：对于原生动物、细菌有强烈的杀伤作用，既可预防疾病，也可杀死鱼类等敌害生物。使用时，先加少量水调成糊状再稀释泼洒。用量是每立方米水体加入含有效氯 32%的漂白粉 30～50g，并可用该液泼洒到干露的池塘面上。药效消失时间为 1～2d。

③茶籽饼：主要杀伤鱼类及贝类等。使用时将茶籽饼粉碎后，用水浸泡数小时，按每立方米水体 15～20g 的用量，连水带渣一起泼洒，1～2h 即可杀死鱼类。药性消失时间为 2～3d。

④鱼藤根：含有鱼藤酮，对鱼类有强烈的毒性，而对甲壳类毒性却很小。使用之前先把鱼藤根浸于淡水中，每立方米水体用鱼藤根 4～5kg（干重）。药性消失时间为 2～3d。

⑤氨水：高浓度的氨，可杀死鱼类及致病生物，并有肥池的功用。用量是每立方米水体施氨水 250mL，稀释泼洒。药性消失时间为 2d。

药物清塘时，应注意以下几点：A. 清塘时间应选择在晴天上午进行，可以提高药效；B. 清塘之前要尽量排出塘水，以节约用药量；C. 在蟹塘死角、积水边缘、坑洼处、洞孔内及水位线以下的塘堤，也应洒药；D. 清塘后要全面检查药效，如在 1d 后仍发现活鱼，应加药再次清塘。注意药性消失时间，并经试水证实池塘的水无毒后，方可放蟹养殖。

2. 注水及饵料生物的繁殖　初次注水，一般在放苗之前 30～50d，采用 60 目锦纶锥形网过滤。池水要少量多次添加，逐步达到 60～80cm。根据当地水质情况，确定是否需要施肥。水体透明度应保持在 40～60cm 为宜。

池塘注水后，最好施肥培育生物饵料。饵料生物的种类主要有单细胞藻类、沙蚕、螺蠃蜚和钩虾等。如施用化肥，每亩施氮肥 1.5kg、磷肥 0.5kg。

三、蟹苗放养

1. 放养方式　借鉴对虾养殖方式的划分方法，青蟹的养殖方式也可分为粗养、半精养和精养 3 种。

（1）粗养　一种较落后的广种薄收的生产方法，面积从几千平方米至几万平方米。在养殖过程中不投饵，依靠水域中的天然生物饵料，因此产量低。过去南方沿海少数地方采取这种养殖方式，但近年来已经不采用了。

（2）半精养　又称人工生态养殖方法。面积一般为几千平方米，基本原理是通过清除敌害生物，促进饵料生物的繁殖，合理放苗，改善水质，创造一个适于蟹生活和生长的生态环境；同时，补充适当的饵料，以充分发挥和提高池塘的生产能力。这种养殖方式，由于清除了敌害生物（特别是捕食性生物），移入适合于在池塘内繁殖的饵料生物（如蓝蛤、寻氏短齿蛤等壳薄的小贝及沙蚕和一些小鱼、虾），有利于改善池塘内的生态环境，因此养殖产量较高，经济效益较好，值得提倡。目前，半精养虽与人工生态系养蟹方法不完全一样，但也有某些相似之处。混养品种既是池塘养殖的对象（主要目的），还对综合利用池塘水体，改善生态环境，提高饵料利用率，减少蟹病发生和提高经济效益等，均有明显的效果；同时，混养的种类有时又是蟹的摄食对象（饵料生物）。

（3）精养　以人工投饵为主，用低值蛋白质换取高价蛋白质的生产方式，是当前我国养蟹采用的主要方法。面积一般在 6.7hm² 以内，多为 2.0～3.3hm²。其放养密度较大，养成期间的技术比半精养更加严格。需彻底清池除害，投喂优质、充足的饵料，调节水质，提高换水率，所以产量较高。一般生产水平，亩产在 100kg 左右，高者可达 200～300kg。池塘精养除普通的池养外，还有池内栏养、池内笼养和池内罐养等形式。一般大的蟹塘，可采用竹篱笆或网片等作围栏材料，将其分隔成多个小水池，便于雌雄或不同规格苗种的分养，以减少互相残杀造成的损失；较大规格的青蟹，也适宜于笼养或罐养。将笼、罐排列于池塘的滩面上，每个笼养蟹 1～2 只。此种方法，管理工作较费时，但蟹生长快，成活率高。

2. 放养密度　青蟹的放养，可分为单养和混养两种形式。这里介绍单养时的放养密度，混养密度将在后面的章节介绍。

青蟹养成的放养密度，应根据各地的水温、换水条件、饵料供应状况、管理水平等综合因素确定。放养密度过大，会因拥挤易发生互相钳斗，引起伤亡；放养密度过小，则浪费水体。因此合理的放养密度，不仅可以减少互相残杀，提高养殖成活率，而且还能降低养殖生产成本，提高经济效益。一般当年养成的密度为每平方米放养 1.3～4.5 只，即每亩放养 1 000～3 000 只为宜。秋季以后至翌年的 3 月，水温较低，透明度大，可适当提高放养密度，每亩放苗 1 500～5 000 只。如果水质条件优越，新鲜饵料充足，可适当加大放养密度；反之，则应适当减少放养密度。我国台湾地区是每平方米放养 3 只，相当于每亩放养 2 000 只。菲律宾是蟹与遮目鱼混养，放养密度较稀，每平方米放养 0.35～2.5 只。泰国每公顷放养 10 000 只。一般在水温较高时，青蟹摄食量大，成长迅速。但在 6—8 月，由于气温逐日升高，且逢雨季，水温、盐度变化较大，易引起锯缘青蟹死亡，放养密度要适当减少，一般每亩放养 3 000 只左右；秋季以后至翌年的 3 月，水温较低，水体透明度大，可以多放，每亩放养密度以 4 000～5 000 只为宜。

3. 放养时间　放养时间因地而异。广东、广西等沿海地区从 4—5 月和 7—8 月开始放苗，放养旺季在 5—7 月和 9—11 月。台湾沿海地区放养时间多在 4—5 月和 7—8 月，在农历 3 月以前蟹苗个体较小，且水温较低，不适宜放养。上海市的放养旺季在端午节和立秋之后。浙江沿海地区每年 4—11 月都可在海区捕到天然蟹苗，但幼蟹集中出现是在 6 月底至 7 月中旬和 9 月中旬至 10 月上旬，宜在 7 月中旬前放养，7 月下旬后必须提高放养规格，4—5 月是青蟹放养旺季。

四、日常管理

1. 饵料及投喂

（1）饵料种类　青蟹以肉食性饵料为主，尤为喜食贝类和小型甲壳类，有时也摄食一些植物性的饵料。常用的饵料有蟹守螺（丁螺）、红肉蓝蛤、短齿蛤、牡蛎和淡水螺蛳等小型贝类以及小杂鱼、虾、蟹等。

（2）投饵量　青蟹养成期的投饵量，应根据水温、潮汐、水质和青蟹的活动情况，灵活掌握。

①水温：青蟹在水温 15℃ 以上时摄食旺盛，至 25℃ 时达最高峰；水温降低至 13℃ 以下时，摄食量大大减少；至 8℃ 左右停止摄食；水温超过 30℃ 摄食量也降低。浙江沿海地区 5—6 月和 9—10 月水温适宜，青蟹摄食增强，应多投饵；7—8 月水温偏高，5 月以前和 10 月以后水温偏低，青蟹摄食均不旺盛，应少投饵。

②潮水：青蟹在大潮水或涨潮时，摄食较多，应多投饵；小潮水或退潮后摄食较少，应少投饵；大潮汐，换水后，水质好，摄食量增强，因此投饵量甚至可增加 1 倍。

③青蟹发育情况：青蟹摄食量还因其发育阶段不同而有所不同，一般是随着个体的生长而逐步增加，但日摄食量与自身体重的百分比，则随其体重增加而下降。一般来说，日投饵量（以动物肉鲜重计）与青蟹甲壳宽、体重的关系为：甲壳宽 3～4cm 时，日投饵量占体重的 30% 左右；5～6cm 时，日投饵量占体重的 20% 左右；7～8cm 时，日投饵量占体重的 15% 左右；9～10cm 时，日投饵量占体重的 10%～12%；11cm 以上时，日投饵量占体重的 5%～8%。

（3）投饵

①饵料质量及处理：要确保饵料新鲜，不投变质腐败的饵料，以免影响水质和蟹的健康。小鱼虾可直接投喂，大的鱼虾须切碎后投喂；壳厚的螺或蛤类要打碎后才可投喂；壳薄的小贝，如红肉蓝蛤、寻氏短齿蛤等可投放鲜活的，这样可使蟹能随意觅食，并可避免因饵料剩余而影响水质。

②投饵位置：饵料要均匀地投放在蟹池的四周边滩上，不能投放在池的中央，以避免蟹为了摄食而争斗引起死亡。同时，也便于检查饵料的摄食情况及清除残饵。实践证明，最好在池边设若干个食台，以便更好地调整确定投饵量。

③投饵时间：根据青蟹昼伏夜出觅食的习性，每天分早、晚 2 次投喂饵料。时间最好在早、晚涨潮后水温较低时投喂，清晨投喂占日投喂量的 20%～40%，傍晚再投喂 60%～80%（红肉蓝蛤可一次投放）。利用围栏、瓦罐等方式养蟹，可以利用潮差投喂。可在低潮期或初涨潮时投喂，池内笼养的可通过投饵孔单独喂养，如果养的蟹不多，也可采用在池中培养小鱼虾的方法，以满足蟹的摄食需要，效果也很好。如投喂配合饲料，每天需分 3～4 次投喂。投喂时应注意在高温期切忌中午投饵，且每次投饵分 2 次进行，使强弱的蟹均有得到摄食的机会。

2. 水质调节　良好的水质环境，是蟹正常生长发育的基本保证。青蟹一生要经过多次蜕壳才能成长，蜕壳活动多在清晨或后半夜进行。如池水清新，溶解氧高，只需 10～15min 就可完成蜕壳；但如果水质条件较差，或受到外来因素干扰，蜕壳时间就要延长，有时可长达 30h 之久，甚至蜕壳不遂而死。由此可见，水质环境良好与否对青蟹的成长具有非常重要的意义。

（1）青蟹养成期的水质指标

①水温：青蟹生长的适宜水温为 15～30℃，最适水温为 18～25℃，低于 12℃或高于 32℃均对蟹的生长不利。

②盐度：青蟹对盐度的适应范围较广，盐度在 2.6～33 均能较好地生长、发育和进行交配，最适盐度为 13～27。我国海岸线长，不同地区的青蟹对盐度的适应范围也有所不同，在广东和广西的沿海地区，青蟹对盐度的适应范围为 13.7～26.9；台湾省为 10～30；上海市为 5.9～8。因此，各地要因地制宜地将盐度保持在青蟹生长的最适范围内。青蟹对海水盐度突变的适应能力较差，应特别注意，一般控制在日温差小于 5℃之内较好。

③透明度：蟹池中的透明度，反映了水中浮游生物、泥沙和其他悬浮物质的数量。养成期池水的透明度以 30～40cm 为宜，透明度太小或太大，均对青蟹的生长不利。

④pH：pH 下降，就意味着水中二氧化碳增多，酸性变强，溶解氧降低，在这种情况下，可能导致腐生细菌的大量繁殖；若 pH 过高，则会使水中氨氮的毒害作用加剧，影响青蟹的生长。养成期池水的 pH 保持在 7.8～8.4 较适宜。

⑤溶解氧：青蟹赖以生存的最基本条件之一，池水中的溶解氧的高低，直接影响着青蟹的生活和生长。实践证明，养成期池水的溶解氧大于 3mg/L 时，青蟹才能较好地生活。因此，在溶解氧不足时，要采取多换水和开动增氧机的办法增加溶解氧。在蟹池中混养一些江蓠，可起到遮阳和增加池水溶解氧的作用。

⑥其他：在养成期氨氮含量要保持在 0.5mg/L 以下；硫化氧含量在

0.1mg/L 以下；COD 在 4mg/L 以下。

（2）添、换水　在养殖初期，主要向养殖池内添加水，逐渐将水位提高1.5m 左右，然后视水质情况酌情换水。

换水是改善水质环境最经济有效的办法。通过换水，可带走蟹池中部分残饵和排泄物，有利于改善底质；可刺激青蟹蜕壳，加速其生长；还可起到调节池水盐度、水温和增加水中氧气的作用。因此，在青蟹养成期间，要做到勤换水，一般每隔 3～4d 换水 1 次，每次换水量为池水的 20%～40%，其中，小池要天天换水。如遇天气不好时，可适当延长换水时间，但最多不超过 7d，以免水质变坏。换水时间最好在早上或晚上，避开阳光强烈照射的中午。要防止换水时温差太大，一般要求日温差不超过 10℃。大潮汛时，应彻底换水 1～2 次；小潮汛时，则以添加水为主，以保持水质新鲜，池内养殖水形成对流，促进青蟹蜕壳生长。换水时，不要排完池水，应保持 20～30cm 的水深，否则进水时会将泥底冲起，时间稍长会使青蟹窒息而死亡。进水时，水流不能太猛，以免增加水的混浊度。从闸底排水，既可多换底层水，又可扩大水体交换能力，效果很好。

（3）控制水位　池内的水量不足，则含氧量低，且水温变化大，对蟹的生长不利。因此，必须保持足够的水量，为青蟹创造一个冬暖夏凉的环境，来适应其生活和生长。季节不同，青蟹对水深的要求不同。冬季一般在退潮时保持水深在 30～50cm，涨潮时应保持水深在 1m 以上；寒潮来临时，要再提高水位；夏天炎热时，水深应增至 1.5～2.0m。如放养量多时，水深要相应增加。

（4）污物及腐败物的清除　为防止池内污物、残饵及排泄物等败坏水质，要及时将其清理排除。除在巡塘时随时捞取外，还可在退潮时把池水充分搅混，让腐败物悬浮于水面，开启闸板，使之随着水流排出池外。然后待涨潮水位高、海水较清时，再注入清新海水。

3. 其他管理工作

（1）注意天气变化　天气突变对青蟹的威胁很大，特别是暴雨时，池内盐度突变，有时会造成全池蟹的死亡。因此，要经常注意天气的变化，控制一定的水深，以保证青蟹的正常生长。

（2）坚持巡池检查和日常观测　为了及时了解和掌握青蟹的养殖情况，必须坚持每天早、中、晚巡池检查制度。

①检查堤坝、闸门和防逃设施有无损坏。如发现有破损，要及时修补，以免逃蟹。

②观察池塘水色、水位、池边四周的病蟹和青蟹的活动、摄食情况。一旦发现异常，应立即采取相应措施。

③定时测量水温、溶解氧、透明度、盐度、pH、氨氮、硫化氢等水质指标，并做好记录。如有超标，应及时调整。

④定期测量青蟹的生长情况。一般每 10～15d 测量 1 次，包括壳长、壳宽、体重等，以便为今后更好地进行青蟹的养殖积累经验。

（3）防止互相残食 青蟹性凶好斗，常发生互相残食的现象。尤其是在蜕壳期间，常遭遇强者残食或伤害，这是造成养殖成活率低的主要原因之一。其预防措施为：

①投足饵料：饵料不但要投足，而且每天早晚的投饵还要再各分 2 次投喂。使身体强者和弱者均有饱食的机会，以免因争食或饥饿而引起互相残食。

②人造隐蔽物：在蟹池中，预先放入陶管、水泥箱、塑料管、小木箱、竹篓和缸片等隐蔽物。青蟹在蜕壳前夕，会自寻隐蔽物、阴暗之处躲藏，避免或减少强者（硬壳蟹）残食，待新壳硬化后才出来活动。投放人造隐蔽物，是提高青蟹成活率的有效办法。

（4）毒池 当青蟹池中发现有敌害鱼类时，每立方米水体可用 15～30g 的茶籽饼毒池。注意毒池后 3h 左右加注海水，冲淡浓度。

第二节　青蟹生态混养技术

混养模式一般在进、排水条件较差的低位池和低坝高围网养殖池中进行，是我国青蟹养殖的主要方式。适宜与青蟹同池混养的种类，包括鱼、虾、贝、藻等多个品种。其中，虾、蟹混养模式的放养密度为青蟹苗种每平方米 0.45～0.90 只、对虾每平方米 3.00～4.50 尾；鱼、蟹混养模式的放养密度为青蟹苗种每平方米 0.90～1.20 只，鲻苗种每平方米 0.09～0.12 尾；贝、蟹混养模式的放养密度为青蟹苗种每平方米 0.30～0.50 只，同池混养的贝类通常为缢蛏或泥蚶，贝类养殖面积约占池塘总面积的 20%。贝类放养密度根据贝苗规格有所不同，按贝类实际养殖面积计算。规格为 1.0cm 的蛏苗，放养密度为每平方米 0.045 千克；1.5cm 的蛏苗，放养密度为每平方米 0.060 千克；2.5cm 的蛏苗，放养密度为每平方米 0.075～0.090 千克。

一、青蟹与对虾混养

1. 池塘条件 池塘面积一般为 3.3～6.7hm²，大的为 13.4～20.0hm²，底质以松软的沙质土为好；池塘水深为 1.2～1.5m，换水能力在 20% 以上；堤坝四周内侧用塑料片、网片等材料设置防逃设施；池底应有一定的坡度，池中挖有数条纵沟或横沟，沟宽约为 10m、深为 0.5m。

2. 苗种放养 为提高虾苗放养成活率和投饵的准确性，混养池以放养体长 3cm 的虾苗为宜，蟹苗放养规格视虾、蟹放养数量配比而定。以虾为主的养殖池，蟹苗规格应在每 500g 200 只，与虾苗同时放入；以蟹为主的养殖池或放养小规格虾苗的养殖池，可先放养虾苗。

3. 饵料投喂 虾蟹混养池投饵的基准，要根据主养品种的摄食情况调整。以虾为主的养殖池，在虾未达商品规格前，应全部投喂对虾配合饲料，并根据对虾的摄食情况调整投喂量。对虾起捕后，可采取并池的方式，将混养池中的青蟹按每平方米 0.75～1.20 只集中在一起，用贝类、杂鱼等鲜活饵料强化培育，如已交配，可实施雌雄分池养殖；以蟹为主的养殖池，由于对虾放养密度低，饵料品种和投喂量应以青蟹为准。

4. 水质调控和日常管理 在水质良好、饵料充足的情况下，虾、蟹即使同池饲养，互残现象也并不严重。需要注意的是，在以虾为主的条件下，养殖前期和中期需确保养殖池的进水水质，发病季节时池塘进水应经过必要的消毒或沉淀处理；对虾养殖后期，如对虾养殖产量在 $0.45kg/m^2$ 以上，池塘水质可能处于富营养状态，会引起藻类大量繁殖、池水透明度急剧下降，极易发生夜间底层缺氧而严重影响青蟹蜕壳后的成活率。因此，此时应采取换水措施，提高池水透明度，并启动增氧机将养殖池水的溶解氧保持在 3mg/L 以上。以蟹为主的养殖池，需尽可能对投喂的小杂鱼等鲜活饵料进行必要的清洗和消毒处理。

二、青蟹与鱼类混养

由于石斑鱼、鲈及鲷科鱼类等高、中档海水鱼类的食性与青蟹相似，属于动物食性，因此，并不具备与青蟹混养的基本条件。而鲻、遮目鱼等植物食性或杂食性种类与前者相比，经济价值又较低。因此，鱼、蟹混养的前提应该是以蟹为主。混养鱼类的主要目的是通过鱼类的摄食活动，清除青蟹养殖过程中产生的残饵及因池塘富营养化而大量繁殖的藻类（青苔）等对池塘水质的影响，起到净化蟹池水质、为青蟹生长提供良好生态条件的作用。

1. 适宜在青蟹池中混养的种类 目前，被选择与青蟹混养的鱼类品种主要有鲻、遮目鱼、罗非鱼、篮子鱼等。这是因为：

(1) 这些鱼类大多属于广盐性种类，对温度的适应性也与青蟹相似。且当年都能达到商品规格，可与青蟹一起起捕上市。

(2) 这些鱼类大多为植物食性或杂食性种类，主要摄食底栖硅藻和有机碎屑。如放养密度合理，则可平衡蟹池生态系统，进而稳定池塘水质。

2. 池塘条件 鱼、蟹混养池塘的面积以 $6.7hm^2$ 左右为宜，水深 1.2m 左右。池底略向排水口倾斜，并在排水口处开挖 $10～20m^2$ 的水坑（南方沿海地区称鱼溜），水坑低于池底 40cm 左右，并连接池内各条水沟，便于干塘排水时可将鱼类集中起捕。

3. 苗种放养　鲻鱼苗规格在 3cm 以上，遮目鱼鱼苗为 3～6cm，奥尼罗非鱼鱼苗在 6cm 以上，蟹苗规格视苗种来源而定。如放养人工培育的 Z3～Z4 期仔蟹，由于规格较小（每 500g 250～1 000 只），需在放养鱼苗的半个月前放养；如放养海区自然蟹苗（规格在每 500g 20 只以上），可先行放养鱼苗。

4. 养成管理　由于鱼、蟹混养池放养鱼苗规格比较小，数量也有限，因此，正常情况下，整个养殖期间可不考虑混养鱼类的饲料问题。当青蟹饵料不足时，可适当在池内投喂少量的米糠或渔用配合饲料；如在养殖中、后期发现混养鱼类由于成活率高，鱼类数量明显增多，并出现与蟹争食的情况，可采取分次投喂的方式，即先投喂鱼类饲料，1h 后再投喂青蟹饲料。

三、青蟹与贝类混养

蟹、贝混养，是最符合青蟹养殖生态的一种生产方式。这是因为贝类兼有净化池塘水质和用作青蟹饵料的双重功能。在青蟹养殖期间，贝类通过滤食池塘水体中有机碎屑和过剩的浮游藻类，在净化池塘水质的同时，自身也迅速生长；在养殖中、后期，贝类又可用作饵料不足时青蟹的优质生物活饵，有助于提高青蟹养殖品质。从养殖的经济效益考虑，此种养殖方式具有养殖成本低、风险小、易于管理的特点。

可与青蟹混养的贝类有缢蛏、泥蚶、青蛤等。在选择混养贝类品种前，应首先综合考虑当地养殖水体的水质、底质情况及所选贝类的生活习性，以免所选贝类不能适应蟹池的水质环境而导致无法成活。由于青蟹养殖大多在河口低盐度地区进行，因此，盐度是必须考虑的首选条件之一；底质是底栖贝类生存的基础，如泥蚶、缢蛏喜欢栖息于含泥量高的底质，而青蛤则喜欢栖息于含沙量高的底质；放养密度方面，虽然贝类可滤食蟹池中过剩的有机颗粒和浮游藻类，起到净化养殖环境、提高养殖效益的功效，但若放养密度过大或放养方式掌握不当，则会引起贝类过度滤食养殖水体中的浮游微藻，导致水色变清，透明度增大，不利于养殖水体环境的稳定；此外，贝类的排泄物可能大量沉积于蟹池底部，造成底部的缺氧和环境恶化。所以，在选择混养贝类时，贝类品种的优化搭配和放养密度尤为重要。

1. 青蟹与缢蛏混养

（1）池塘要求　底质以泥底或泥沙底质为好，滩面底质过软、过硬均不宜养蛏。滩面过软，污泥沉积过多，容易堵塞缢蛏进排水管，引起缢蛏窒息死亡；滩面过硬，给蛏苗钻穴及起捕带来困难。

（2）蛏畦建造　建造蛏畦、圈防逃网：新开挖池塘在播苗前 20d，要翻耕建造蛏畦的浅滩，翻耕深度为 20～30cm，整埋建畦。畦长根据池塘条件而定，每条畦宽为 2～3m，畦两侧留有浅沟，面积占池塘总面积的 20%；翻过的泥土粉碎整平后进水浸泡，在表层形成 3～5cm 的沉积软泥。老塘只需稍作修整即可。最后在畦上必须覆盖 21 股尼龙有结网，网目为 3.5～4.0cm。畦四周的网边压严压实，以免青蟹进入挖食缢蛏，造成不必要的损失。

（3）繁殖饵料生物　播放蛏苗前 10～15d，先进水施肥培养饵料生物。池水深度为 20～30cm，施尿素 0.003kg/m²，分 2～3 次施完，使池水逐渐变为浅黄绿色或浅褐绿色。

（4）蛏苗播放　蛏苗的播放时间，因各地气候条件和苗种规格而异。南方沿海最早在 1 月下旬开始；浙江、福建等地一般在 2～4 月播放蛏苗；上海市崇明区在 4 月下旬至 5 月上旬播放蛏苗。蛏苗规格与重量的关系见表 4-1。蛏苗播放时，密度尽量均匀。正常情况下，蛏苗播放的第二天可观察到有 90% 的蛏苗潜泥。若发现大量死苗要及时补上。

表 4-1　蛏苗规格与重量关系

(刘红军，2006)

壳长（cm）	0.5	1.0	1.5	2.0	2.5	3.0
个数（个/kg）	50 000	12 000	5 000	2 400	5 000	760

（5）日常管理　蟹与蛏混养池的日常管理，主要是水质和投饵管理。投饵船不能用竹竿，以免破坏蛏田；投饵要均匀，不能成堆乱投，最好不要在养蛏处投喂；定期检查蛏子的生长情况和被青蟹摄食的情况，并以此作为是否增加投饵量的依据。青蟹收获后，蛏子可继续蓄水养殖至翌年 1 月收获。期间，如池塘水质清瘦，可酌情施尿素，用量为 0.001 5～0.002 2kg/m²。

2. 青蟹与泥蚶混养

（1）池塘条件　泥蚶和青蟹混养的蟹池，池底最好有 15cm 厚的平坦软泥或泥沙质。其中，以含泥 90%、含沙 10% 的底质为最佳。水温一般保持在15～28℃，盐度为 10～30。播苗前，应将滩面翻耕后耙细、耥平。

（2）施肥培养基础饵料　清池后纳入新水 50cm，施鸡粪 0.075kg/m²、尿素 0.015kg/m²，使池水变成黄绿色或浅褐色。

（3）蚶苗播放　泥蚶播放时间一般在青蟹收获后的 1—12 月，迟至翌年3—4 月。蚶苗播放位置一般在进水闸附近的滩面或中央滩面上，以保证养殖区有较好的水流环境，放养面积控制在蟹池总面积的 20%～30%，播种密度一般以 450 粒/m² 为宜（规格为 600 粒/kg）；采取蓄水播苗方式，水位保持在60～70cm，主要是因为经长途运输的蚶苗处于缺氧缺水状态，蓄水播苗可提高蚶苗的播放成活率。

（4）养殖管理　蚶苗入池初期，将水位保持在 20～30cm，如遇冷空气来临，可提高水位至 $60\sim70cm$；蟹苗放入后可提高水位至 $1m$ 以上；青蟹养殖期间，根据水温、海水盐度等情况调节水质，并通过换水保持水质新鲜。青蟹养殖期间的饵料投喂应避开蜕区，并坚持定时、定点、保质、保量的原则。蟹、贝混养时，由于贝类的滤食作用，浮游单细胞藻类很难大量繁殖，池水透明度经常处于较高的状态，很容易导致浒苔大量繁殖，这对青蟹和贝类的生长都非常不利。消除浒苔的主要方法：严格过滤进水，合理控制贝类的放养量；池内适量混养一些能够摄食浒苔的篮子鱼等种类；蜕苗下池至蟹苗下池期间保持较高的水位，发现浒苔应及时捞除，防止其大量繁殖。

四、青蟹与江蓠混养

在蟹池中混养适量的江蓠、石莼等大型经济海藻，不仅可以增加养殖效益，还可利用藻类的生理生态特性，吸收养殖水体中的氨、氮、磷，并通过光合作用提高水体中的溶解氧，达到净化水质、优化养殖生态环境的目的。

青蟹和藻类混养池中的藻类，可采用浮筏养殖或网笼吊养的方式。通常浮筏可设置在蟹池两侧，整个浮筏长度略短于虾池宽度，面积可占蟹池的 30% 左右。若采用苗绳吊养方式，藻类的夹苗绳可固定于浮筏上，间距为 $10cm$ 左右；若采用网笼吊养，则可把藻类置于网笼内，然后将网笼挂置于浮绳上，间距应视网笼大小和网笼中所放养的藻类数量设定，总体应以确保藻类之间无遮挡，能充分吸收阳光顺利进行光合作用为原则。藻类的放养量，应根据养殖池的水深、配套设施和藻类混养方式等条件设定。

第三节　室内工厂化循环水立体化养殖技术

一、养殖设施

1. "蟹公寓"的设计　以塑料为材质，设计一个箱体（$36cm\times26cm\times27cm$），箱体上设有操作口，用于放养、捕捞和投喂。并在箱体上设有进水口、喷水口、排污口和溢水口，便于保持养殖水循环交换和快速排出青蟹排泄物，减少细菌微生物的滋长，形成"蟹公寓"（图4-1）。将"蟹公寓"按每层10个，叠加 $9\sim10$ 层置于室内（图4-2）。

2. 循环水系统　笔者采用生物技术、化学水质处理原理设计循环水系统，通过物理（紫外灯、过滤、太阳光）和生物（生物膜、有益菌、天然藻类）的方法处理培育用水，保持水质清洁，不排放养殖废水到近海中，减少污染，从而设计一套专门用于青蟹工厂化循环水养殖的循环水处理系统（图4-3）。

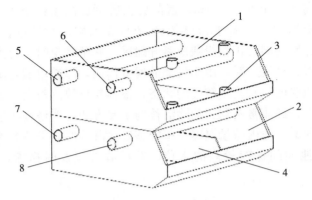

图 4-1 "蟹公寓"设计图

1. 下养殖盒 2. 排水插管 3. 排水插管 4. 隔板

5. 上进水管 6. 上出水管 7. 下进水管 8. 下出水管

（叶海辉，2015）

图 4-2 "蟹公寓"养殖车间

（孙晓飞等，2017）

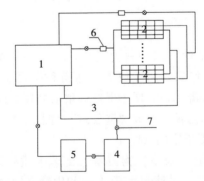

图 4-3 青蟹循环水养殖系统示意图

1. 蓄水池 2. 蟹养殖车间 3. 生物降解池 4. 高压过滤器

5. 消毒罐 6. 微滤机 7. 水泵

二、苗种放养

1. 苗种选择 青蟹最好来源于当地自然海区捕捞或者人工培育的蟹苗，根据商品需求、培育对象的不同，所需蟹苗的规格也有所不同。一般情况下可分为以下几种：

（1）育肥（膏蟹） 选取体重为150～300g、平均饱满度50%、体质健壮的蟹苗。膏蟹则要选择已交配的雌性青蟹。

（2）养成 用50g左右的蟹苗。

（3）软壳蟹 选取体重为50～250g、未完成生殖蜕壳的青蟹，作为蜕壳种蟹。

2. 放养密度 室内工厂化循环水立体养殖系统，每个小盒装1只青蟹进行培育。

三、日常管理

1. 科学投喂 在整个养殖过程中，投喂饲料做到根据青蟹个体大小、活动设施情况灵活掌握。每天分早晚2次投喂（幼蟹每天1次），投喂时间为07:00～08:00、17:00～18:00。日投喂量为体重的2%～5%，早晨投喂量占全天投喂量的1/3，傍晚为2/3，直接对每格进行单独投喂。

坚持每天观察室内工厂化循环水立体养殖系统中青蟹的生长及蜕壳状况。在育肥过程中的青蟹，通常1～15d就将开始蜕壳，每隔2～4h观察1次，发现即将蜕壳或正在蜕壳的青蟹，进行登记记录，并跟踪观察。一旦发现其蜕壳完毕成为软壳蟹，立即从室内工厂化循环水立体养殖系统中将其取出，进行清洗和整理后，进入下一步冷冻冷藏处理。此时的软壳蟹周身非常柔软脆弱，对外界的伤害无任何防御能力，要注意轻拿轻放，保护其各肢节完整。

2. 水质调控

（1）加水 室内工厂化循环水立体养殖系统中，利用反冲洗砂滤缸等排污的方法排掉陈水、补充新水。

（2）清污 及时排除残饵粪便，改善底质。通过自带排水系统，及时排出室内工厂化循环水立体养殖系统内的残饵粪便，定期检查，将吃剩的大块空贝壳等残饵拿出。

（3）消毒与水质调控 设备使用之前、期间、使用完毕进行消毒处理。水质保持pH 8.0，溶解氧7mg/L，盐度28±2，温度（24±2）℃。

四、养殖实例

孙晓飞等（2017）以锯缘青蟹为对象，用室内工厂化循环水立体养殖模式进行育肥、养成和培育软壳蟹。育肥产出成蟹成活率为 85%，养成产出成蟹成活率为 60%，软壳蟹培育产出软壳蟹成活率为 90%，比水泥池育肥、养成、软壳蟹成活率分别提高 13.3%、200%、63.6%。养殖密度为 13.3kg/m²，比水泥池（养殖密度为 0.12kg/m²）提高 11 083.3%。与水泥池锯缘青蟹相比较，在品质上也有所提高。主要表现在，一是肥满度增加；二是暂养后的青蟹体内含沙量较水泥池降低。

黄伟卿等（2017）以拟穴青蟹为对象，采用"蟹公寓"养殖模式培育红膏蟹。成活率为（81.9±1.22）%，显著高于池塘（54.4±5.74）% 和水泥池（32.6±4.31）%（$P<0.05$）。在形成红膏蟹的周期上也比水泥池和池塘快 11.43%，但是红膏蟹的形成率差异不显著（$P>0.05$）。经 36d 的养殖实验，"蟹公寓"养殖模式培育的红膏蟹平均体重达到（560.3±87.44）g，增重率为 68.78%，特定增重率为 1.45%/d，均显著高于池塘和水泥池的养殖模式（$P<0.05$）。

第四节　其他养成技术

一、高涂蓄水养成技术

1. 高涂养殖池塘建设

建设高标准养殖池塘，池塘面积 20.0～33.3hm²，堤坝坚固不渗漏，堤坝顶宽 4～5m、底脚宽 18～20m、高 2～3m，迎水面外坡比 1∶（2.5～3）。池塘四周设置高 1m 左右的防逃网，底部铺设牡蛎、文蛤的贝壳为遮蔽物。

2. 苗种放养
放养蟹苗的规格为 Ⅴ 期幼蟹，要求蟹苗的壳硬色青，规格整齐，附肢齐全，无伤害，活力强。放养应选择晴天进行，放苗密度一般为 0.09～0.15 只/m²。

3. 日常管理

（1）饲料投喂　自稚蟹入塘后开始投喂，养殖前期以四角蛤为主，养殖后期增加投喂经过绞碎的小杂鱼，并搭配投喂配合饲料。配合饲料的投喂，应将大小不等的颗粒饲料混合在一起，以满足不同规格的蟹苗同时摄食。投喂量一般占蟹体体重的 5%～10%，并掌握几个原则：少量多次、日少夜多、均匀投撒、合理搭配、先粗后精。

（2）水质管理　养殖初期，主要采取添加水；半个月后开始换水，一般每隔 3～5d 换水 1 次，且换水不应在高温季节中午阳光强烈时进行，宜在早晚进行换水，每次换水量不宜过大，换水前后保持池塘内池水盐度的基本稳定。在暴雨过后及时换水，防止池水过淡和池水盐度突变而造成青蟹死亡。养殖过程中，还可使用水质改良剂，以光合细菌和沸石粉为好，可有效地改善池塘生态环境，减少病害的发生，提高养殖效率。

（3）巡塘检查　每天坚持早晚巡塘 2 次，检查塘堤、防逃设施及青蟹的活动、蜕壳、摄食、生长等情况，发现问题，及时采取必要的补救措施。

（4）病害防治　养成期间，采取"以防为主、防重于治"的方法，每隔 15~20d 消毒池水 1 次，或每半个月投喂 8~10 次药饵。按照维生素 C 3%~5%、大蒜素 2% 拌入饲料中投喂，可以有效地预防疾病的发生。

（5）适时收捕　青蟹一般经过 3 个月左右的养殖即达商品规格，收捕工具主要为地笼网，一般傍晚下网，第二天早晨收网。青蟹的收捕应根据市场行情，采取捕大留小、捕肥留瘦的原则，还可以将起捕的青蟹放入室内池越冬。室内越冬放养密度不超过 3 只/m²，越冬期间的投喂以蛤蜊、沙蚕、小杂鱼为主，并注意鲜活饵料的消毒，及时清除残饵和蛤蜊壳，必要时进行倒池。越冬保存的青蟹在春节前后上市，能够提高经济效益。

4. 养殖实例　曹华（2005）在通州市以锯缘青蟹为养殖对象，采用该模式进行养殖，平均亩产锯缘青蟹 160kg。所产锯缘青蟹的平均规格为 450g 左右，最大个体达 550g，实现产值 135 万元，获净利 46 万元。

二、浅海笼养养成技术

1. 养殖条件

（1）海区选择　青蟹笼养海区宜选择风浪小，海水流动交换好、潮流通畅，水深在 6.0m 以上，水质清洁、无污染源，底质良好便于打桩的港湾式海区或水道为佳。

（2）养殖设施设备　笼养的渔排设施与海水网箱设施相同，主要由木板、浮子组成，以桩缆固定于海底，4m×4m 的网框为渔排的基本单元，渔排上搭建简易房。每个笼箱分为 24 格，每格大小为 20cm×25cm×18cm，每 4 格为一层，共六层，中间增设 1 根投饵棒，笼箱总高度 1.08cm，材质为塑料。渔排上每框内吊挂 15 组笼箱（图 4-4）。网箱底部四角垂挂沙袋固定，并在网箱

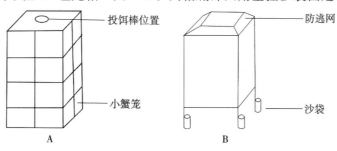

图 4-4　蟹笼和网箱结构
A. 蟹笼　B. 网箱
（陈丽芝，2013）

四周增设防逃网。

2. 苗种放养　养殖渔排和蟹笼搭建好后，放养前对其进行清污消毒。选择同一规格、健壮、无病害伤残、体壳清爽、活力好的青蟹苗，放养前清除蟹苗中存在的蟹奴，并在 15mg/L 的高锰酸钾溶液中浸泡 10min 以杀灭体表菌，再用纯淡水冲洗干净后，每个蟹笼放养 1 只蟹苗。选择晴天早晚或阴天风浪小时，将蟹苗放入蟹笼后扎好笼口，小心放入水中，避免过度刺激幼蟹。

3. 日常管理

（1）饵料的选择与投喂　根据青蟹的食性，养殖中根据潮汐变化情况，以投喂新鲜的小虾、小杂鱼、蓝蛤、牡蛎、锥螺和淡水蛳螺为主，人工配合饲料为辅。每次投饵料前先检查青蟹的活动及摄食情况，以便及时掌握投饵量。一般情况下，小杂鱼、小虾的投饵量控制在青蟹自重的 5%～1%；而蓝蛤、牡蛎等的投饵量，可以适度增加到青蟹自重的 10%以上。投饵频率为每天投喂 1次，一般固定在 17：00 左右。投喂前先将水中的蟹笼提上来，在网箱平台上进行晾干 0.5h 左右，然后对每个蟹笼进行检查，投喂饵料。投饵时要注意根据潮汐变化适度增减投饵量，一般情况下，大潮汐换水后青蟹的摄食增强，投饵量就适当增加；遇高温闷热和雨水过多时天气，青蟹的摄食减少，投饵量就适当减少。同时，在青蟹蜕壳的时候不进行饵料投喂。当水温降至 8℃ 以下时，应当停止投喂。

（2）水质管理　始终创造条件，使养殖区域保持水质清洁。根据青蟹摄食的生理变化规律，适时增减投饵量。每天检测养殖海区盐度、温度和 pH。根据水质变化，及时采取合适的应对措施。

（3）巡视检查　每天坚持早晚巡视网箱 2 次，检查渔排和蟹笼设施及青蟹活动、蜕壳、摄食、生长等情况，尤其是在天气突变等引起盐度突变时要加强巡视和观察，发现问题及时采取必要的补救措施。

（4）清笼和压笼　每天检查前一天青蟹的吃饵情况，及时清理笼内残饵、污物并剔除死蟹，洗刷蟹笼，使蟹笼始终保持清洁，水流通畅，以利于青蟹的生长。对于破损的蟹笼要及时维修或更换，防止笼内青蟹逃逸；对死亡的青蟹要及时进行补苗，以保证资源的有效利用。在风浪较大或潮流较急的区域，为防止蟹笼遭冲击后对造成蟹体损伤，应适时在蟹笼四周增加碎石或沙袋吊挂固定。

（5）病害防治　在整个青蟹笼养过程中，尽量消除致病因素，提高青蟹抗病能力和体质，减少病害情况的发生。对个别发生活力低下和已发生病害的青蟹，应根据不同症状，分别采取相应有效的应对措施进行对症治疗。同时，根据以往青蟹的病害发生规律，在不同水质，不同季节和气候条件下，在饲料中适当添加免疫增强剂或相应的预防药物，进行有效的病害预防。

4. 养殖实例　潘雪央（2017）在慈溪市新浦镇以锯缘青蟹为养殖对象，采用该模式进行养殖。放养青蟹共计 137.30kg，起捕 393.45kg，青蟹平均价格以 140 元/kg，共计销售金额 55 082.2 元，扣除蟹池建设费用及蟹种等成本，利润 30 170 元。

潘清清等（2015）在浙江省三门县田湾岛海区以三门青蟹为养殖对象，采用该模式进行养殖。共放养青蟹夏苗 50 000 只，捕获成蟹 15 062 只，成活率为 30.1%，而同期常规养殖塘的存活率通常为 15%～20%，表明浅海笼养可明显提高青蟹存活率；在越冬试验中，放养越冬青蟹 20 000 只，收捕成蟹 14 207 只，成活率达到 71%，同期在 2 个试验塘进行青蟹越冬试验，放养青蟹后 3～4 周，发生大量死亡而终止试验。整个试验共投入费用 67 万元，捕获成蟹 3 012kg，按每千克售价 100 元计，产值 30.1 万元；青蟹越冬中，收购青蟹 4 975kg，越冬后捕获育肥蟹 5 003kg，按每千克售价 260 元计，产值 130.1 万元。按全年投入产出计算，全年养殖毛利为 40.2 万元。

林琼武等（2014）在福建省厦门市以拟穴青蟹为养殖对象，采用该模式进行养殖试验。养殖试验历时 60d，笼养青蟹存活、蜕壳与生长的影响均优于其他养殖方式，证实了该模式在福建地区的可行性。

三、"菌-藻"工厂化养成技术

1. 养殖条件

（1）养殖车间的设置　可使用普通育苗生产车间，车间顶篷以透明塑料薄膜和遮阳布调节内光线，使车间内保持中等亮度，利于藻水的稳定。

（2）养殖蟹笼　养殖蟹笼的长、宽、高分别为 60cm×40cm×15cm 的塑料层叠式养殖笼。该笼可以互相叠加，可充分利用水体。养殖笼内置隔板，利于青蟹攀爬、隐蔽。试验养殖笼每 6 个为一组，用聚乙烯绳串联。养殖笼以组为单位，置于水泥池中用于养殖。

2. "菌-藻"相培育　养殖车间中以一般海水为基础，施以 20mg/L 的硅藻培养基培养藻水。当藻水透明度达到 40cm 后，投放青蟹。每天加 0.5mg/L 的硅藻培养基保持藻水。当硅藻透明度达到 30cm 后，排放 20% 池水，添加新水。

（1）蛭弧菌的使用　蛭弧菌使用市售蛭弧菌干粉。投放青蟹后开始使用蛭弧菌干粉，每口养殖池添加 0.5g，此后每 5d 使用 1 次。

（2）光合细菌的使用　光合细菌是购买北京渔经公司生产的光合细菌原液。与普通海水按 1∶4 的比例混合，添加光合细菌培养液，经密闭培养扩繁而获得。使用前菌液浓度约为 30 亿个/mL，投放青蟹后每立方米水体添加 10mL 光合细菌，每 5d 添加 1 次。

（3）EM 菌的使用　EM 菌用市售 EM 菌原液。每立方米水体使用 3mL EM 菌，每 4d 添加 1 次。使用时间为早上 10：00。

（4）芽孢杆菌的使用　芽孢杆菌采用市售芽孢杆菌粉剂。使用前用氨基酸溶液活化 5h，每口池使用 5g，每 5d 使用 1 次。使用时间为早上 10：00。

3. 苗种的投放和日常管理

（1）苗种的投放　采购本地附肢健全、体表无伤、活力好的青蟹，体重为 254～422g，平均体重为（332.2±56.71）g。暂养前置于浓度为 50mg/L 的土霉素溶液中浸泡 10min 后，以一盒一只的密度转入养殖笼。

（2）日常管理

①水质调控：养殖水体的理化因子：pH 控制在 7.8～8.2，水温保持在 18～20℃、且日温差不超过 2℃，盐度维持在 13～18，溶解氧保持在 3mg/L 以上，氨氮低于 0.2mg/L。

②饲料投喂：投喂贝类和人工饲料进行投喂，投喂时间为 06：00 和 18：00 两次进行，投喂量为体重的 8%～10%。

③清污：每天及时清除死亡的青蟹。

④巡池：每天巡池 2 次，选择在 08：00 主要观察青蟹的死亡、病害、摄食等情况；20：00 主要观察是否存在逃跑、互相残杀等情况。

⑤记录：每天记录死亡、水质变化、摄食等情况。

4. 养殖实例　2017 年，笔者在福建省宁德市蕉城区采用"菌-藻"工厂化养殖模式，以拟穴青蟹为培育对象，进行红膏蟹培育。最终成活率为（80.3±1.35）%，显著高于池塘的（54.4±5.74）%。经 36d 的养殖实验，"菌-藻"调控工厂化养殖模式培育的红膏蟹，平均体重达到（466.3±67.38）g，增重率为 40.4%，均显著高于池塘和"蟹公寓"养殖模式。

第五节　青蟹育肥（膏）养殖技术

育肥养殖，是一种提高蟹类产品附加值的生产方式。通常是指把已交配的雌蟹经过短期的强化培育，促进其卵巢发育成熟，成为膏蟹，或将已达商品规格但体质消瘦的雄蟹（俗称水蟹）育成肥壮肉蟹的过程。

一、养殖设施

青蟹育肥多在池塘中进行。由于目前人工苗养殖尚未普及，无法成批量获得可用作育肥的蟹种，而由海捕蟹苗养成的蟹，其规格、质量并不一致，育肥所需时间也各不相同。因此，育肥池的规格不宜过大，一般在 300～1 000m²，以便根据蟹的大小、质量分池养殖。育肥池按构造类型，分为单池、双池和

"田"字形池（图 4-5）。"田"字形池的中央设 1 个边长为 1.5m 的正方形小池，通过 4 道水闸与 4 个蟹池相通。海水经水沟流入小池，再由小池进入蟹池。各池池底应向中央方形小池倾斜，以利排干池水；池底为泥沙底，池内设置一定数量的隐蔽物。

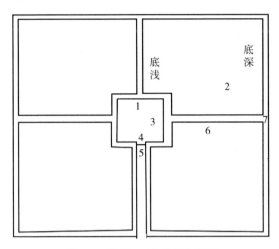

图 4-5 "田"字形青蟹育肥池

1. 中央小池（1.5m×1.5m）　2. 养成池　3. 小闸门　4. 闸门，有防逃网

5. 进、排水沟　6. 内堤高 1.0m，顶面有"反唇"防止逃跑结构

7. 外堤，内侧用砖块砌成，呈斜坡状，顶端有内"反唇"防止逃跑结构

二、育肥用蟹种的选择

1. 选择标准　已交配的雌蟹和已达商品规格的雄蟹，都可作为育肥用蟹种。

2. 选择时应注意以下事项

（1）体表完整　蟹体完好无伤，十足齐全。有外伤的蟹在育肥期间容易死亡，不宜选择作育肥用蟹。

（2）剔除蟹奴、海鞘　在有机质丰富的养殖池或海区收获的青蟹，附肢内侧基部常会寄生蟹奴。由于蟹奴靠吸取寄主的营养为生，寄生蟹奴的雌蟹不能养成膏蟹，雄蟹则不能养成肉蟹。所以在选择育肥用蟹时，须逐一检查，将蟹奴、海鞘剔除。

（3）去除病蟹　一般可根据蟹的步足基部肌肉色泽加以辨别。健康青蟹肌肉呈肉色或蔚蓝色，肢体关节间的肌肉有弹性，不下陷；病蟹肌肉则呈红色或乳白色，肢体关节间的肌肉下陷，无弹性。生产上将肌肉呈红色的称为"红芒病"，多见于花蟹和膏蟹；呈乳白色的称为"白芒病"，主要发生于瘦蟹。上述两种病蟹均不能用作育肥用蟹。

（4）干露时间　应尽可能缩短准备育肥青蟹露空的时间，一般在28℃气温条件下不要超过半天，25℃气温条件下不要超过2d。

三、雌蟹性腺成熟度鉴别

选择雌性蟹种时，还要根据其是否受精及性腺发育程度加以区别。按习惯和经验，可分为未受精蟹、瘦蟹、花蟹及膏蟹4种，前3种均可作为育肥用的蟹种（膏蟹已可上市，没必要再行培育）。鉴别方法主要是，检查青蟹甲壳两侧上缘性腺形状和腹脐与头胸甲后缘交接处中央圆点的颜色。

1. 未受精蟹　俗称蟹姑或白蟹，系未受精的雌蟹。一般个体较小，体重150～200g。主要特征为腹节呈灰黑色，在较强的光线下观察，甲壳两侧从眼的基部至第九个侧齿看不出带色的圆点。这种状态的蟹不能育成蟹膏，但可列入肉蟹饲养范围。若放进一定比例的雄蟹与之交配，经1次蜕壳，供给足够饵料，饲养40～50d可养成膏蟹。

2. 瘦蟹　俗称空母，即初次交配的雌蟹。一般个体较大，体重200g以上。将其置于光线下观察，在甲壳两侧从眼的基部至第九个侧齿间有一道半月形的黑色卵巢腺。打开腹节的上方，轻压可见到黄豆大的乳白色圆点。此蟹经饲养30～40d，可成为卵巢丰满的膏蟹。

3. 花蟹　由瘦蟹经过15～20d人工培养逐步发育而成。其卵巢已开始发育扩大，但未扩展到甲壳边缘上。在强光下观察，可见到一些透明的地方，犹如一条半月形的曲线。另外，在腹节上的圆点已变成橙黄色，即卵巢形成。此蟹经15～20d饲养，可成为膏蟹。

4. 膏蟹　由花蟹经过15～20d人工培养而成。其特征是卵巢已完全发育成熟，甲壳两侧充满性腺，在强光下观察已无透明区域。腹节上方的圆点已呈红色，表明卵巢已到达腹节，有的蟹甲壳上也呈鲜红色。

四、育肥季节与方法

1. 育肥季节　育肥季节依地区的不同而有差异。浙江沿海一般在9—11月，广东、广西、海南及我国台湾地区全年均可进行育肥养殖。经验表明，广东地区在1—3月进行育肥养殖时，青蟹性腺发育最快，放养后18d即可收获；4—5月需20d；5月以后超过20d；7—9月，由于水温过高，青蟹不仅性腺发育不理想，且容易死亡；10—12月水温过低，育肥期则需延长至30～40d。

2. 规格分类　准备育肥的青蟹通常分为未受精蟹、瘦蟹、花蟹和水蟹（指体质消瘦的雄蟹）等几种规格，育肥时可将其分别喂养。由于瘦蟹的育肥时间短，对其进行育肥具有比较好的经济效益。因此在生产上，以选择已交配、个体大（150～200g）的瘦蟹进行育肥最为常见；在育肥材料蟹紧缺时，也可放养部分未受精的雌蟹，但须按雌雄3：1的比例放入雄蟹混养，使其在池中自然交配受精，进而培育成膏蟹。选用水蟹放养的，经过人工强化喂养，也可在短时间内达到肉质肥满的程度，成为优质的商品蟹。

3. 培育密度　育肥阶段的放养密度，根据蟹的类别、季节、饵料供应条件等不同而有所不同。放养密度过大，容易因互残而影响成活率；密度过小，则直接影响经济效益。按开展此项生产较早的广东地区情况，12月至翌年2月，天气寒冷，青蟹活动少，池水较清，可按每667m² 5 000只的放养密度；3—5月和9—11月，水温适宜，可按每平方米4.5～6.0只的放养密度；7—8月天气炎热，养殖水体受天气影响大，池水易变坏，密度以每平方米3只为宜。

五、日常管理

1. 饵料及投喂

（1）饵料种类　育肥期间的饵料应以鲜活低值贝类为主，如鸭嘴蛤、钉螺、蟹守螺、淡水螺蛳等，也可投喂少量小杂鱼、虾等。所投饵料必须新鲜，以免影响水质。

（2）投饵量　日投饵量根据季节、天气变化、潮汛而定。一般日投饵量为池内青蟹总重量的10％～15％。广东地区进行青蟹育肥时，日投饵量为蟹体重7％～10％的小杂鱼或蟹体重30％～40％的红肉蓝蛤（带壳）；泰国以低值鱼作为饵料，日投饵量为蟹体重的5％～7％；在日本，夏季投饵量为蟹体重的17％～20％，当水温降至15℃时减为7％～9％。

（3）投喂方法　一般每天早、晚各1次，最好在日出和日落前后的涨潮时投喂。饵料投喂须均匀，分布于池塘四周，以避免青蟹争食互斗，也便于检查摄食情况。饵料在投喂前，需进行必要的处理，大条的鱼需切碎，厚壳的贝类需碎壳冲洗后投喂，薄壳的红肉蓝蛤等可直接投放。

2. 水质调控　换水对青蟹育肥培育具有重要作用。一般应每天换水1次，换水量为30％。暴雨后须及时换水，以防止盐度的突然降低。池水水位根据气候调节，一般在1m左右，高温或冷空气来临前应适当提高水位。育肥期间，需经常检查清除池塘四周的残饵，清除残饵应在排水时进行，用耙或锄搅动有残饵的地方，使之随水流排出池外，并将贝壳等杂物捞起。

3. 青蟹性腺发育情况检查　育肥过程中，为了解青蟹的性腺发育情况，需定期抽样检查。瘦蟹育肥，放养10d后需每隔3天检查1次。抽查方法：涨潮开闸后青蟹会溯水而上，到闸口戏水，此时可用抄网捞蟹，在光照下检查卵巢的发育情况。由于同池青蟹入池时的质量基本相同，由此可大致推算全池青蟹的育肥情况。如发现青蟹卵巢区域上方仅见卵巢轮廓、下方为空白时，一般是缺饵所致，应增加鲜活饵料；如池内膏蟹比例大于花蟹，即可开始收捕，以防膏蟹性腺发育过熟后产卵，影响收益。此外，如发现涨潮进水时池内青蟹过多集中于闸门口，游动又比较激烈，说明饵料不足，可适当增加投饵量。

4. 育肥蟹的收获　在饵料充足、管理得当的情况下，瘦蟹、花蟹经15～40d饲养，即可育成膏蟹；水蟹、白蟹（个体重150g以上的蟹）经过20～25d饲养，也可育成肥壮的肉蟹。此时的膏蟹，腹脐基部与头胸甲连接处显著隆起，将蟹对着光线透视，甲壳边缘已看不到透明的痕迹，卵巢已进入甲壳两侧缘的锯齿内，俗称入棘。此时收获最为理想，如继续培育，则死亡率会增加或发育过熟后产卵而严重影响售价。青蟹收获一般利用青蟹的溯水习性，用水泵抽水，海水经小池进入育肥池，青蟹会溯水进入中央小池。当进入小池的蟹数符合要求时关闸停水，用捞网捞取，4个蟹池可轮流捕捞。实践表明，由于膏蟹的溯水习性比瘦蟹强，用此种方法捕获的蟹八成以上是膏蟹。

第六节　青蟹软壳蟹养殖技术

软壳青蟹养殖是近年来在东南亚一带兴起的一种青蟹养殖方式。其养殖工艺流程是将规格为50～150g的青蟹在养殖盒中单个养殖一段时间，待其蜕壳后马上取出，经清洗、加工、包装后，冷冻储藏或直接以鲜活形式上市销售。此种养殖方式在缩短养殖周期、降低养殖病害风险的同时，还可利用人工生产的青蟹种苗具有规格整齐、可批量生产、同批放养的特点，开展青蟹多茬养殖，形成由种苗生产场、青蟹养殖户和软壳青蟹加工生产企业共同参与的产业链。此外，由于软壳青蟹还可以以冷冻产品的形式进入西餐行业，不仅扩大了消费层面，还因其销售价格高于传统的鲜活青蟹价格而增加养殖收益。

一、养殖设施

软壳蟹的培育采用集约化生产，一般采用蟹盒养殖。养殖的基本设施及环境要求与本章第三节室内工厂化循环水立体化养殖技术和第四节青蟹浅海笼养养成技术相同。

二、软壳蟹用蟹种的选择

1. 规格　青蟹一生蜕壳13次，其蜕壳周期随个体的长大而延长。选择个体体重为90～150g健康青蟹作为用蟹的原因，在于正常养殖情况下，这一规格青蟹的蜕壳周期最长为20d左右，如所选的原料蟹处于前后两次蜕壳的中期或即将蜕壳，进入养殖盒后7～10d即可蜕壳，生产周期相对较短；同时，由于青蟹蜕壳后的个体可增重50%左右，所选原料青蟹在蜕壳后体重一般可达 150～250g，产出系数高，而且此类规格的软壳青蟹也容易被市场接受。

2. 外观　蟹体色泽鲜亮、外壳光洁、无寄生生物；甲壳完好无伤，十足齐全且健壮有力；步足基部肌肉呈肉色或蔚蓝色，肢体关节间的肌肉无下陷。

3. 干露时间　经过挑选的原料青蟹应尽快逐个放入养殖盒，以免露空时间过长，影响成活率和延长蜕壳时间。一般在气温为 28℃ 条件下干露时间不宜超过半天，25℃ 条件下不宜超过 1d。

三、日常管理

软壳青蟹生产的水温为 15～32℃、盐度为 5～25；日投饵量（小杂鱼）按蟹体重的 10％左右投喂；视水质情况添、换水；养殖期间每 2h 观察 1 次蜕壳情况，发现蜕壳马上取出，并补充蟹，以保证蟹盒的生产效率。

其他的日常管理与青蟹育肥一致。

四、加工与冷藏

从养殖盒内取出的软壳蟹应立即放入 10～15℃ 的淡水中，送加工厂分拣加工。软壳蟹产品分活销和冷冻两类。活销产品保存在 12～15℃ 的海水中，可活体保存 1 周左右；冷冻产品是将刚蜕壳的软壳蟹放入水温低于 15℃ 的淡水中，充氧浸泡数小时，经过去眼、鳃、附肢后，分 70～90g、90～120g、120～150g、120～200g 及 200g 以上 5 种规格，用保鲜膜包裹后速冻，然后装箱冷冻储存。

第七节　青蟹越冬暂养技术

在自然状态下，青蟹在水温低于 16℃ 时，每天活动时间缩短，摄食量明显减少；当水温 12～14℃ 时，开始挖洞穴居；水温降至 7℃，入洞穴，进入休眠状态。青蟹越冬是除自然池塘越冬外，还可在人工设施条件下控制水温越冬（可采用本章第三节室内工厂化循环水立体化养殖技术），在青蟹出售之前的一段时期，采取相应技术措施使之很快长肥的过程。通常指把已交配时的雌蟹经过较短时间强化培育，使其卵巢完全成熟，成为膏蟹；或把已达商品规格但体质消瘦的雄蟹，育成肥壮的肉蟹。以提高青蟹商品价值，适应冬季市场的需求。

一、养殖条件

1. 水质环境要求　选择海水交换良好、风浪平静、无污染源的内湾中高潮区或高潮区，底质为泥沙底沿海和河口地区，最好有淡水源，盐度适宜范围 6～26。水源主要理化指标：pH 7.5～8.6，盐度 6～26、最适盐度 8～16，溶

解氧 $5g/m^3$，氨氮 $0.5g/m^3$ 以下，硫化氢 $0.1g/m^3$ 以下，化学耗氧量 $4g/m^3$ 以下，透明度 $30\sim40cm$。

2. 养殖池的要求

（1）室内水泥池　室内越冬在水泥池上搭置平顶形薄膜棚；还可用电热棒、鱼池加热器、锅炉供热等方法，进行增温、保温。选用对虾育苗厂的空闲池极为适宜，池面积在 $50\sim100m^2$。

（2）室外大棚　室外池塘上搭建棚架、塑料薄膜覆盖的弧形保温棚。面积 $0.06\sim0.33hm^2$ 为宜，池平均水深 $1.2m$ 以上，底部覆土 $0.3\sim0.5m$。

（3）土池　池底以锅底形为好，挖中央沟和环沟，沟深 $0.5\sim1.0m$、宽 $2\sim6m$，沟滩面积比 $1:3$，沟渠与闸门相通。在进水闸处安装过滤网，排水闸处安装防逃网。根据蟹的习性，池水最深可蓄水 $2m$ 以上；池塘进、排水便利。面积应该控制在 $1.33\ hm^2$ 以内。

二、放养前准备

1. 完善设施　室内水泥池与室外大棚池，主要检查进、排水设施；普通暂养池塘的堤坝四周内侧，设置油毛毡、塑片、水泥板、聚乙烯网片等防逃设施，高度为 $50cm$。

2. 清池除害　在放养之前，要清除池内有机沉积物、有害生物及致病生物等。室内水泥池可用 $15mg/L$ 的高锰酸钾溶液消毒；室外池在放养前一周，可先用茶籽饼清塘 1 次，杀灭中华乌塘鳢（俗称杜鳗）等敌害鱼，再每公顷用 $1\ 500kg$ 生石灰清塘，换 2 次水。

3. 越冬池整理　室外越冬池进行必要的整理，尤其是老塘，最好是开挖新沟。

三、暂养蟹种的选择

选择雌性蟹种时，还要根据其是否受精及性腺发育程度加以区别。在蟹种紧缺时，则可选用部分未受精的雌蟹放养。但要按雌雄 $3:1$ 的比例与雄蟹混养，让其在池中自然交配受精，进而培育成膏蟹。选择时还要注意以下几点要求：

1. 形态指标　体重 $150\sim200g$，蟹体无伤，十足齐全，个体大，活力强，体壳清爽，甲壳呈青绿色。

2. 剔除蟹奴、海鞘

3. 健康无病　从步足基部肌肉色泽来区分，强壮蟹其肉色呈蔚蓝色，肢体关节间肌肉不下陷，具有弹性；病蟹则是黄红色或白色，肢体关节间肌肉下陷，无弹性。

4. 露空时间短 从捕获到放养的时间越短越好。气温在 28℃ 以上时，不能超过半天；25℃ 以下时，也不要超过 2d。如果青蟹的大颚直立、颚足张开、触角蹾起、脐基胀、口吐白泡沫，则说明此蟹捕捞后离水时间过长，不宜用作暂养育肥。

四、苗种放养

1. 密度控制 青蟹的放养密度，在室内水泥池控制在 4.5～7.5 只/m^2；在室外池塘放养量控制在 2～4.5 只/m^2。池塘设施较好的，密度可适当提高。

2. 放养时间 浙江沿海每年放养时间为 9～12 月初，三门青蟹蟹种控制入池时间在 11 月下旬或 12 月初。放养前一定要严格进行药物浸泡处理，杀灭体表病菌。可以用 5g/m^3 的高锰酸钾溶液浸泡苗种 5min，或用纯淡水浸泡 5～10min。

五、日常管理

1. 控制水位保持水温 在晴天上午可以降低水位来提高水温，下午进水。室内池水位控制在 0.5～1m，控制水温在 9℃ 以上、并以 12℃ 为宜，盐度 10～20，pH 在 7.8～8.5，DO≥5mg/L，光线稍暗，忌强光刺激。室外池保持水位在 1.5m 以上，寒潮来临时要再提高水位。对于低水位的池塘，在寒流来临时要加强水温控制，可使用水泵抽取深井海水或边进、边排来维持较高水温。

2. 饵料投喂 在水温 10℃ 以上要坚持投饵料，以新鲜小鱼虾或低值贝类为主，适时育肥增加青蟹抵抗能力。投饵量控制在蟹总重的 2%，即在傍晚投饵后 2h 吃完为基准，适当增减。

3. 疾病控制管理 疾病控制中除了清淤消毒外，不定期地使用光合细菌、沸石粉等微生物制剂和天然水质改良剂。在每次出现混养虾类如对虾、脊尾白虾发病出现大批死亡的情况下，要及时谨慎用药。一方面用消毒制剂进行水体消毒，阻断病菌及病毒对青蟹的传播；另一方面在饲料中添加生物抗菌制剂，如大蒜素（每 100kg 饲料投放 50g）。

4. 适时起捕 在饵料充足和精心管理下，瘦蟹、花蟹经 15～60d 的饲养，即可育成膏蟹和肥壮的肉蟹收获出售。要掌握好起捕时间，尤其是室外池，在 16:00 前就要完成，及时进水避免蟹被冻死。起捕后青蟹应清洗干净，以谷壳或干草类裹之置于泡沫箱中进行运输。

第八节 收获、捆绑与储运

一、收获

放养的青蟹经 3～5 个月养殖后，一般均能达到体重 200～250g 的成品蟹规格，即可收获。

1. 收获时间 养成商品蟹的收获时间，因各地气候及市场销售情况而异。广东、广西沿海多采取轮捕轮放的形式，即边收获达到商品规格的青蟹，边放养苗种；福建沿海的收获时间一般在 9—10 月；浙江沿海多数在 5—10 月中旬前后收获，浙江南部要求在立冬前起捕，最迟不超过小雪。如果是青蟹雌雄分养的，可在收获前半个月至 1 个月加以择池配对，使其自行交配而育成膏蟹，以获得较高的价格。如此时尚未达到商品蟹规格，则可留池继续养殖、越冬，越冬养成的青蟹在翌年 4—6 月收获，也可以向后推迟，以便养成更大规格的青蟹或膏蟹。采取捕大留小、捕肥留瘦和陆续上市的方法，有利于获取较好的经济效益。

2. 收获方法 人们在青蟹养殖生产过程中，积累了较为丰富的捕蟹经验。根据青蟹在涨潮时溯水聚集到闸门附近企图逃跑的习性，创造了捞网捕、笼捕的方法；根据青蟹贪食和夜间活动频繁的习性，采用了饵料诱捕、灯光照捕等方法；在排干池水后，有耙捕、手捉、捅洞钩捕等方法；此外，还有涵管捕法、铁耙打捞法、刺网法等。这些捕蟹方法各有特点和利弊，养殖者可因实际情况选用。常见的是多种方法结合使用，其收捕效果甚好。

（1）捞网捕法 在较温暖季节，潮水初涨、开闸进水时，池内青蟹常溯水游到闸门来"玩水"。根据这一习性，可使用捞网在闸门口进行捞蟹，这种方法效率较高。蟹网是一个由竹框和网片构成呈方形并有把手的网具，其大小视闸门的大小而定。此外，青蟹夜间常在池边戏水，故也有用手抄网捞捕的。

（2）笼捕法 捕蟹笼用竹篾编成，呈长方形，其高度和宽度与闸门的高、宽相等。涨潮时将蟹笼放入闸门处，然后打开闸板，放水入池，蟹即逆流而上进入笼中。待笼中装满蟹或者平潮后，方将蟹笼提起而捕获。注意在起笼前要先关好闸板。

（3）饵料诱捕法 可分为两种。一种是将饵料直接撒在池边，待青蟹上来摄食时，用小捞网罩捕，在 7—8 月的晚间采用此法效果好；另一种是先在罾网的网衣中间系上诱饵，然后把罾网放入蟹池，每隔一段时间提网捕捉入网的青蟹。为提高捕蟹效率，可配备数个罾网进行巡回操作，但在放网前的数小时还必须暂停投饵。罾网绳的上端或系一浮筒，或连接于竹竿末端。台湾地区多用此法捕捉瘦蟹。

（4）灯光照捕法 青蟹在夜间喜欢爬上池边或露出水滩，可用灯光照明（如用电筒照射），再以抄网选择捞起。或将池水排减至水深 15cm 以下，然后下池照明捕捉。

（5）干池耙捕法 先把池水排干，然后人下到池中，用蟹耙顺池底慢慢移动，遇到蟹时将其挑起，再用小捞网捕住倒入木桶内。如此由池的一端而达另一端，重复推进，可将蟹基本收净。但蟹易受伤，操作时应格外小心。蟹耙由6根35cm长的粗铁丝和1根圆木棍做成，此法用于清塘收获，效果很好。

（6）干池手捉法　又称徒手摸捕法，是传统而又实用的捕蟹技术，无需任何工具，但要有熟练的技术。先将池水排干或排浅，再下池用手捕捉。当触及蟹体时立即用手指按住其背甲中央，青蟹即会将背甲缘抬高，借此即可得知其螯足的位置，用拇指、无名指与小指捉住其背甲后缘，以免被钳伤。一般潜伏于泥沙中的青蟹，均系尾部朝着浅水处而双螯向着深水处，故捕捉时必须自浅水处至深水处，或自深沟的沟壁上方往下摸；如果反向摸索捕蟹，正好把手送到双螯处，被蟹钳住的概率就大了。

（7）捅洞钩捕法　青蟹有挖洞穴居的习性，尤其是在寒冷季节，青蟹常潜居于洞穴之中。因此，必须在排干池水后，用钩捅入洞穴，将蟹钩出捕捉。有的养蟹者，就用铁锹等工具挖洞翻泥，再用手捕捉。

（8）涵管捕法　利用青蟹在隐蔽处栖息的习性，而将一些直径13cm以上、长1~1.5m的塑料管、陶管、水泥涵管或竹筒平放在水底，每隔一段时间用抄网将管的一端封住，另一端则举高或使用前端钉有直径较涵管稍小的马口铁板木棒捅入管内，促使管内的青蟹进入网中。此法使用在天然青蟹的捕获上效果甚佳，也可适用于养殖青蟹的捕捉。

（9）铁耙打捞法　在寒冷季节，青蟹活动能力减弱，多潜伏在深水处或隐蔽在泥里，换水时也不游到闸门口来"戏水"，而池水又不能放干的情况下，可采用小船或在岸边用铁耙或竹耙逐步收获。

（10）刺网法　把尼龙刺网定置于池中，待青蟹游泳碰到刺网时，其足即被缠住不容易逃脱即可捕之。此法容易弄断蟹足，故不太理想，仅适用于大规模肉蟹养殖的起捕。

二、捆绑

1. 盛蟹容器　收获起来的青蟹应放入盛有绿色树枝叶或芦苇叶的容器里，可防止互相钳咬致伤。然后逐个检查，挑选符合商品规格的蟹捆绑起来装入箩筐，不符合要求者放回池中再养。若不立即装运出售，天气暖和时应存放在阴凉潮湿的地方，冬天则应盖上稻草保暖。

2. 绑绳　捆绑青蟹用的草绳，可因地制宜，就地取材。一般在夏天宜用比较清凉的咸水草，冬天则用有保暖作用的稻草。在本地市场出售的，可用塑料绳，既捆绑方便，又受消费者欢迎（塑料绳附加重量比较轻），在浙江省南部较常见。台湾省中部一带多使用俗称"咸草"的蔺草或青茅草，而南部则使用草绳捆绑。不管用什么草，使用前应先把草绳放在海水里浸泡2~3周。草绳浸水为的是使草绳柔软，并保持运输途中及销售时的湿润状态（可洒淡水保持湿润），让青蟹不易死亡。

3. 捆绑方法 捆绑的方法以左手拇指及中指捉住蟹的背甲后侧缘，无名指及小指则抓住草绳的一端，然后右手拉紧绳子的适当位置，由甲后循背甲左侧缘与步足基部间的空隙紧靠左螯足的基部至正前方，再绕过左螯足钳状部中间部分而回到此螯足基部的腋下，并拉紧绳子，则可将左螯足捆住。绳子再经其口前方至右螯足基部腋下，并穿出腹面，又绕过右螯足之钳状部回到基部腋下，再将绳子拉紧后使之经过背甲右侧缘与步足基部的间隙至背甲后上方，最后将绳子的两端拉紧打结即可。

三、储运

1. 夏天运输

（1）竹箩装运 用咸水草捆绑青蟹后，放入竹箩中加盖，再连竹箩一起浸于清洁的海水中数分钟，让青蟹吐混吸新。因为青蟹生活于泥滩上，捕捞后身上带有污泥和水，青蟹在木桶里呼吸时吸入污泥水，鳃丝微孔被污泥堵塞，若时间长久，往往会造成窒息死亡。在运输途中为防止日晒雨淋，每天早、中、晚 3 次洒水，以保持湿润。最好用海水洒，也可用淡水洒，这样可以维持青蟹 4～5d 不会死亡。

为提高炎热天气运输青蟹的成活率，可在盛蟹竹箩中间竖立竹篾编成的空心筒。筒与竹箩等高，筒壁留有很多孔，用以通风透气。装放时把蟹口向着空心筒和筐边，装车时各箩间留存空隙，不要太挤压。运蟹车最好在夜间上路，天亮时到达目的地。

（2）加冰装箱运输 大量收获时，可将活蟹浸入 10℃ 左右的冷水中，使之行动迟钝，再分别用橡皮筋将其螯足捆绑起来，并用湿木屑填充箱子，借以保温，这样可加冰装箱长途运输。

2. 冬天运输 用稻草捆绑青蟹后，再用竹箩或塑料箱装运。在寒冷的冬天，不但竹箩周围要铺稻草保暖，防止寒风冷气侵入，而且蟹口应朝向箩中间，装后加盖麻袋。汽车宜在白天行驶，运输时每天早、晚洒水，以保持湿润，青蟹可存活 6～7d。

用塑料箱装运时，应先将青蟹用小蒲包分装，海水浸湿，然后装入五面带孔的塑料箱中，途中每天洒水 2 次。此法运输的青蟹，一般 4～5d 不会死亡。

第五章 青蟹的营养需求及饲料

第一节 青蟹的营养组成（以锯缘青蟹为例）

一、雌雄蟹可食部分

性成熟雌蟹与雄蟹的可食率相差不多，均为 64% 左右。肝脏占可食部分重量的比率在雌雄蟹的差异也很小，均为 10.75% 左右。但雌雄生殖腺占可食部分重量的比率差异很大，雌蟹为 16.52%，雄蟹仅为 1.83%。肌肉占可食部分重量的比率与生殖腺情况相反，雄蟹高达 70.84%，而雌蟹仅为 59.30%（表 5-1）。

表 5-1　锯缘青蟹蟹重、可食部分、雌雄蟹不同组分占可食质量的比率（$x \pm S$）

（檀东飞等，2000）

性别	蟹重（g）	可食部分（%）	肌肉（%）	生殖腺（%）	肝脏（%）
雌蟹	246.10±58.02	64.48±2.40	59.30±2.78	16.52±7.01	10.96±2.40
雄蟹	299.89±143.03	63.74±2.68	70.84±4.25	1.83±0.66	10.54±2.83

二、一般营养成分

锯缘青蟹雌性生殖腺的水分含量最低，仅占湿重的 54.69%；而它的蛋白质含量最高，占湿重的 30.59%；脂肪含量以肝脏和雌性生殖腺为高，分别达 15.68% 和 14.50%；而灰分含量肝脏最高，为 2.72%（表 5-2）。

表 5-2　锯缘青蟹不同组分的一般营养成分（%）

（檀东飞等，2000）

组分	水分	蛋白质	脂肪	碳水化合物	灰分
肌肉	80.93	15.33	0.82	1.26	1.47
雌性生殖腺	54.69	30.59	14.50	0.78	1.43
雄性生殖腺	80.35	17.81	1.27	1.21	1.38
肝脏	69.48	9.95	15.68	2.40	2.72

三、氨基酸含量

测定锯缘青蟹蛋白质的 18 种氨基酸，除了肝脏组织中蛋氨酸缺失外，其他各组分氨基酸种类齐全（表 5-3）。4 个组分中必需氨基酸与总氨基酸比值（EAA/TAA）都在 34.12～39.20，其中，雌性生殖腺最高。根据 1973 年 FAO/WHO 提出必需氨基酸的均衡模式和计分标准，对锯缘青蟹不同组分氨基酸组成进行评分（表 5-4）。其结果也是雌性生殖腺得分最高，达 93.58；雄性生殖腺最低，为 84.23。异亮氨酸是锯缘青蟹各组分共同的限制性氨基酸，除肌肉的第一限制氨基酸为缬氨酸（其得分为 86.24）外，其他 3 个组分的第一限制氨基酸都是异亮氨酸。雌性生殖腺中的色氨酸含量极高，超过评分标准的 2.78 倍。

表 5-3　锯缘青蟹不同组分的氨基酸含量（mg/g）

（檀东飞等，2000）

氨基酸	肌肉	雌性生殖腺	雄性生殖腺	肝脏
Asp	14.75	29.21	18.38	7.76
Thr	6.45	16.56	10.12	3.70
Ser	5.88	19.91	11.96	3.59
Glu	23.95	46.37	30.36	10.50
Gly	14.44	11.98	9.84	6.28
Ala	12.26	15.55	10.94	7.32
Cys	3.17	21.14	6.96	5.17
Val	6.61	23.30	11.16	7.31
Met	4.11	9.27	3.06	未测到
Ile	5.49	11.45	6.00	3.66
Leu	11.24	23.84	14.23	6.45
Tyr	5.65	19.30	12.37	6.74
Phe	5.86	13.52	7.96	5.78
Lys	11.87	17.76	11.65	6.70
His	3.57	9.72	4.12	2.89
Arg	14.83	5.78	8.81	5.10
Pro	4.76	18.43	6.02	3.41
Trp	1.85	11.58	3.09	1.77
EAA	53.48	127.28	67.27	35.37
TAA	156.74	324.67	187.03	93.93
EAA/TAA（%）	34.12	39.20	35.96	37.66

表 5-4 锯缘青蟹不同组分的必需氨基酸构成分析（mg/g）

（檀东飞等，2000）

组分	Ile	Leu	Lys	Met+Cys	Thr	Trp	Val	Phe+Tyr	氨基酸评分	限制性氨基酸
FAO/WHO模式值	40.0	70.0	55.0	35.0	40.0	10.0	50.0	60.0	100	
肌肉	35.81	73.32	77.43	47.49	42.07	12.09	43.12	75.08	86.24	Val，Ile
雌性生殖腺	37.43	77.93	58.06	99.41	54.14	37.85	76.17	107.29	93.58	Ile
雄性生殖腺	33.69	79.90	65.41	56.26	56.82	17.36	62.66	114.15	84.23	Ile
肝脏	36.78	64.82	67.37	51.96	37.19	17.80	74.06	125.83	91.95	Ile，Leu，Thr

四、脂肪酸含量

锯缘青蟹饱和脂肪酸以棕榈酸（C16：0）为主，含量达 10.87% ~ 26.43%；单不饱和脂肪酸以油酸（C18：1）为主，含量为 13.57% ~ 17.59%；多不饱和脂肪酸则以 EPA（C20：5）和 DHA（C22：6）为主，含量分别达 5.74% ~ 18.04% 和 6.16% ~ 13.52%。这种脂肪酸构成与三疣梭子蟹和虾蛄的脂肪酸构成基本一致（表 5-5）。

表 5-5 锯缘青蟹不同组分的脂肪酸构成和含量（%）

（檀东飞等，2000）

脂肪酸	肌肉	雌性生殖腺	雄性生殖腺	肝脏
C14：0	1.28	1.97	15.67	4.12
C16：0	12.60	19.05	10.87	26.43
C16：1	7.59	18.75	5.52	12.77
C16：3	1.52	1.91	1.63	2.61
C18：0	8.13	5.71	9.38	6.50
C18：1	17.59	17.34	13.57	15.32
C18：2	2.82	1.35	1.85	1.83
C18：3	0.99	1.54	0.65	0.76
C18：4	0	0.25	0	0.37
C20：1	1.57	4.73	1.95	2.45
C20：2	0.87	0.96	0.90	0.50
C20：4	7.98	5.80	10.95	2.45
C20：5	18.04	5.80	11.04	5.74
C22：3	0	1.74	0.63	0.38

（续）

脂肪酸	肌肉	雌性生殖腺	雄性生殖腺	肝脏
C22：4	1.02	2.27	1.28	0.71
C22：5	1.07	1.70	1.04	1.37
C22：6	13.52	6.16	11.47	11.06
SFA	22.01	26.73	35.92	37.05
MUFA	26.75	40.82	21.04	30.54
PUFA	47.83	29.48	41.44	27.78
Others	3.41	2.97	1.60	4.63

五、无机元素含量

锯缘青蟹 4 个组分的 K 都比 Na 高，尤其是肌肉高出 1 倍。雌性生殖腺的 K、Na 含量比其他 3 个组分低 1 个数量级。肝脏 Ca 含量极高，每 100g 湿重达 580mg，比其他 3 个组分高出十几倍。此外，每 100g 湿重的 4 个组分中 Se 含量都很高（≥110μg），尤其雌性生殖腺高达 380μg，为各种食品含硒量之最（表 5-6）。

表 5-6 每 100g 锯缘青蟹不同组分无机元素含量（mg）

（檀东飞等，2000）

元素	肌肉	雌性生殖腺	雄性生殖腺	肝脏
K	3.61×10^2	3.51×10	4.07×10^2	4.07×10^2
Na	1.80×10^2	2.85×10	2.91×10^2	2.53×10^2
P	2.70×10^2	6.82×10^2	6.60×10^2	2.65×10^2
Ca	3.90×10	2.10×10	4.00×10	5.80×10^2
Mg	2.83×10	1.45×10	1.16×10	2.91×10
Zn	5.45	1.47×10	3.44	2.71
Fe	1.30	1.60	0.63	2.40
Cu	1.40	0.50	0.90	1.00
Mn	3.49×10^{-1}	5.26×10^{-1}	1.86×10^{-1}	5.95×10^{-1}
Se	1.10×10^{-1}	3.80×10^{-1}	1.70×10^{-1}	1.20×10^{-1}
Sr	7.94×10^{-1}	7.17×10^{-1}	5.47×10^{-1}	7.96×10^{-1}
Ni	8.43×10^{-1}	1.35	1.05	8.19×10^{-1}
Mo	3.90×10^{-2}	2.90×10^{-2}	7.0×10^{-3}	1.8×10^{-1}
Co	$\leqslant 1.30 \times 10^{-1}$	$\leqslant 1.30 \times 10^{-1}$	$\leqslant 1.30 \times 10^{-1}$	$\leqslant 1.30 \times 10^{-1}$

（续）

元素	肌肉	雌性生殖腺	雄性生殖腺	肝脏
Cr	9.75×10^{-2}	1.69×10^{-1}	7.71×10^{-2}	5.20×10^{-2}
B	5.54×10^{-1}	8.11×10^{-1}	7.22×10^{-1}	5.36×10^{-1}
Al	8.13	1.05×10	7.70	6.93
Ge	$< 1.0 \times 10^{-1}$	$< 1.0 \times 10^{-1}$	$< 1.0 \times 10^{-1}$	$< 1.0 \times 10^{-1}$
Pb	2.0×10^{-2}	4.0×10^{-2}	2.0×10^{-2}	4.0×10^{-2}
Cd	1.16×10^{-1}	7.15×10^{-2}	6.45×10^{-2}	3.12×10^{-1}

六、总胆固醇含量

锯缘青蟹肌肉的胆固醇含量最低，雄性生殖腺的胆固醇与肌肉相近；而雌性生殖腺的胆固醇含量较高，每 100g 达 766.16mg，但比蛋黄（1 108～2 110mg）低得多（表 5-7）。

表 5-7　每 100g 锯缘青蟹不同组分总胆固醇含量（mg）

（檀东飞等，2000）

胆固醇	肌肉	雌性生殖腺	雄性生殖腺	肝脏
总胆固醇	108.00	766.16	117.81	408.93

第二节　青蟹的营养需求

随着青蟹人工育苗技术的突破、养殖技术的改进和多种养蟹形式的开发，养蟹业得到了蓬勃发展，其养殖规模不断扩大，产量不断提高，养蟹产业的形成和持续发展必然要走健康养殖的道路。而健康养殖除了供应高质量苗种和保持良好的养殖环境外，必须供应量足质优的饲料，以满足青蟹的营养需求。

一、青蟹对蛋白质及氨基酸的营养需求

蛋白质是构成生物体细胞原生质的主要成分，并在生命过程中起着极其重要的生理作用。对青蟹的蛋白质及氨基酸营养需求的研究发现，青蟹对蛋白质的需求与其种类、生长发育阶段、养殖模式、蛋白源、饲料组成和实验条件等密切相关。研究表明，青蟹幼体在整个发育过程中，蛋白质是组成幼体的主要有机成分。随着溞状幼体从 Z1 期到 Z5 期，其蛋白含量逐渐增加，从 Z1 期的32.50％增至 Z5 期的 43.92％。其中，Z2 期到 Z3 期的蛋白质增幅最大；而当发育变态为大眼幼体后，其蛋白含量却略有下降，为 41.13％。饲料中粗蛋白含

量在 35%～40%时，青蟹幼蟹生长差异不明显；初始均重为（9.15±0.46）g 的青蟹饲料中，粗蛋白含量为 32%～40%时，能满足其正常生长的营养需求；配合饲料中蛋白质含量为 38.0%～45.9%时，能满足青蟹从 Z5 期到成蟹的蛋白质需求。

青蟹各期幼体之间的氨基酸组成差异不显著，基本趋于一致。整个 Z 期总氨基酸含量随着其发育而逐渐增加，变态后减少。必需氨基酸（EAA）中，以赖氨酸（Lys）含量增幅最大，亮氨酸（Leu）比例最高；非必需氨基酸（NEAA）中，含量增幅最大的是谷氨酸（Glu），占比例最高的也是 Glu，比例最低的则是半胱氨酸（Cys）（3.26%）；幼体需要较高水平的蛋氨酸（Met）和 Leu，且后期幼体对组氨酸需求有所减少。氨基酸组成和含量，在各期幼体期间均差异不显著，表明氨基酸作为机体的重要成分，能够保持在体内的恒定，并维持其正常功能。研究表明，甲壳动物氨基酸组成并不随饥饿时间延长而明显发生变化，而青蟹饥饿 Z1 期的 EAA 中，Met 和 Leu 含量却随饥饿时间延长而略有增加，NEAA 中只是脯氨酸（Pro）有所减少；Met 和 Leu 的明显减少，则出现在饥饿 Z1 期的死亡阶段，表明它们对维持幼体生存具有特殊的生理学意义，当然这还有待于进一步的研究。

二、青蟹对脂类及脂肪酸的营养需求

虾蟹幼体的脂类含量及组成与摄食条件密切相关，可将脂类组成作为幼体生理状态的指标。研究发现，随着青蟹幼体从 Z1 期发育到 Z5 期，幼体脂类含量呈逐渐增加的趋势，从 Z1 期的 12.18%增至 Z5 期的 16.73%。其中，Z3、Z5 期，幼体脂类含量的增加较明显，但从 Z5 期变态为 M 期脂类含量则显著减少，M 期幼体的含脂量为 12.19%；同时在幼体发育过程中，甘油三酯（TAG）和磷脂（LP）是主要的脂类组成，两者之和达总脂的 70%以上，且两者在总脂中的比例呈现出相反的变化趋势。

采用鳕鱼肝油与玉米油以 2∶1 配比为脂肪源，配制 7 种含脂量不同的等氮等能半纯化饲料，饲喂体重为 35.8～48.8g 的青蟹幼蟹 63d。结果表明，不含脂或含脂量为 2.0%的饲料组，幼蟹的增重率显著低于其他饲料组，蜕皮频率以不含脂类组最低。采用折线拐点法得出，饲料中脂肪含量在 5.3%～13.8%，能满足幼蟹对脂肪的营养的需求。饲料中脂肪含量为 6%～12%、能量 14.7～18.7MJ/kg 时，能满足初始均重为（9.15±0.46）mg 的幼蟹生理需求。系列配合饲料中脂肪含量为 6.0%～10.0%，就能满足青蟹从 Z5 期到成蟹的脂肪需求。青蟹溞状幼体在发育过程中不断积累 TAG，表明幼体摄入的外源能量除了满足自身的代谢需求外，还能以 TAG 形式储存在体内；而变态为大眼幼体时，TAG 的比例明显下降，表明 TAG 是幼体变态时的能量来源。

青蟹 Z1 期蜕皮周期开始的 1.5d 内，脂类是青蟹幼体饥饿条件下的主要代谢底物，TAG 明显地减少，而其他中性脂却增加；与此相反，幼体在摄食条件下，TAG 含量则逐渐增加，这也表明 TAG 是主要的代谢能源。

针对均重为（84.4±30.9）mg 的青蟹幼蟹对胆固醇营养需求的分析表明，饲喂胆固醇含量为 0.50% 和 0.79% 饲料的幼蟹，增重率显著高于其他饲料组；而饲喂未添加胆固醇的饲料的幼蟹，存活率和蜕壳频率最低。饲喂添加了胆固醇饲料的幼蟹，存活率达 73%～93%；但当饲料中胆固醇含量达到 1.12% 时，对幼蟹的生长有抑制作用。以增重率为评价指标，采用折线拐点分析法得出，幼蟹饲料中胆固醇的适宜含量约为 0.51%。饲喂添加了 0.8% 胆固醇配合饲料的青蟹大眼幼体发育成第 I 期幼蟹（C1 期）的成活率（73.3%），显著高于饲喂卤虫组（53.3%）；饲喂分别添加了 0.2% 和 0.4% 胆固醇配合饲料的青蟹大眼幼体发育成 C1 期的成活率分别为 60.0% 和 53.3%，与卤虫组差异不显著。且这几组大眼幼体发育较为同步，变态为 C1 期平均为 8.9d；而饲喂分别添加了 0.14% 和 1.0% 胆固醇配合饲料的大眼幼体发育成 C1 期的成活率分别为 26.7 和 46.7%，发育变态为 C1 期的时间均为 11d。大眼幼体饲料中胆固醇含量为 0.8% 时，能很好地满足其生长发育的营养需求。

随着青蟹幼体的发育，机体中二十碳五烯酸（EPA）和花生四烯酸（ARA）一直保持着稳定的比例，表明其有调控 EPA 和 ARA 代谢的能力；而二十二碳六烯酸（DHA）却随着幼体的发育而持续不断地减少，一方面可能表明幼体对 DHA 有较高的需求，另一方面也可能表明幼体对 DHA 的调控能力极为有限。且发现饲料中 DHA 含量不足，是影响青蟹幼体存活、发育和变态的关键因子之一。采用营养强化生物饵料的方法，探讨青蟹幼体的 EPA 和 DHA 营养需求的结果表明，EPA 和 DHA 对幼体的生长发育、存活有显著的影响，幼体需要 EPA 维持其较高的存活率；而 DHA 则有助于幼体身体的生长，尤其是对体宽增长明显，但它对维持幼体的存活效果则不明显，相反，较高剂量的 DHA 还会抑制幼体的存活，并得出从 Z3 期开始投喂卤虫无节幼体，卤虫中 EPA 和 DHA 的适宜含量分别为 1.2%～2.5% 和 0.46% 时，能满足幼体的 EPA 和 DHA 营养需求，提高幼体的存活率和促进其生长发育。刚孵化的 Z1 期青蟹，无论摄食与否，其多不饱和脂肪酸（HUFA）组成均增加，而饱和脂肪酸（SFA）和单不饱和脂肪酸（MUFA）均减少；HUFA（主要是 20：4 和 20：5）在脂肪酸代谢中被优先保留，不作为能量来源的代谢底物，表明其具有重要的生理作用；而幼体时 SFA（主要是 16：0）和 MUFA（主要是 16：1 和 18：1）则是能量代谢的主要来源。投喂强化了 HUFA 的轮虫和卤虫无节幼体，青蟹幼体的能值显著提高，证实 HUFA 不仅是一种重要的生理活性物质，同时也可能是能源物质，只不过其代谢的保守性在不同物种及各发育阶段存在差异而已。

采用先饲喂强化脂肪酸的饵料（亚油酸，18：2n-6，LA）1.38%～2.85%，亚麻酸（18：3n-3，LNA）0.43%～1.49%，然后投喂未营养强化的卤虫（$\sum$n-6FA 1.6%，$\sum$n-3FA 5.98%）进行青蟹幼体的饲养实验表明，幼体出现幼体蜕壳期延长、存活率低、游动能力弱等必需脂肪酸（EFA）缺乏症，这表明饵料中的 LA 和 LNA 不能满足幼体对 EFA 的营养需求。从 Z3 期开始投喂未营养强化的卤虫（含 EPA 0.43%），不能维持高存活率，且蜕壳变态为 C1 期的时间缩短；投喂 n-3 HUFA 含量低的轮虫，青蟹幼体存活率低、蜕壳期延长；从 Z1 期开始饲喂未营养强化的卤虫（EPA 含量为0.33%），几乎所有的幼体不能变态成 M 期，且绝大多数由于无法变态发育到 Z5 期时就死亡。从 Z3 期开始先饲喂强化 EPA 和 DHA 的轮虫，然后投喂未营养强化的卤虫，结果幼体发育到 C1 期的存活率低。由此可见，C1 期存活率显著受卤虫中 EPA 含量的影响。

DHA 和 EPA 在青蟹幼体发育过程中发挥着重要的作用，从 Z2 期体中的DHA（0.2～0.3g）和 EPA（0.4～0.6g）含量比刚孵化的 Z1 期体中的 DHA和 EPA 含量（分别为 0.4g 和 1.2g）下降中可以看出，饲喂未营养强化的卤虫从 Z1 期到 C1 期的存活率低、蜕壳周期延长、甲壳宽狭窄，这可能是由于饵料中缺乏 EPA 和 DHA，DHA 在甲壳宽的增长中发挥的作用大于 EPA，饵料中的 DHA 对于幼体成功蜕壳发挥着重要的作用。甲壳动物蜕壳是由蜕壳固醇调节的，它是由位于眼柄处的 Y 器官分泌的，分泌后释放到血淋巴中，直接调节蜕壳活动。3H-蜕壳酮在胚胎和幼体体内能够代谢转化为 3 种不同的复合物，其中一种是 C-22 共轭脂肪酸。因此推测 C-22 脂肪酸，如 DHA 可能通过调控蜕壳固醇代谢而调节青蟹幼体的蜕壳。

ARA 也是维持青蟹正常生长所必需的，但 ARA 并不能提高青蟹存活率或加速蜕壳。卤虫中 ARA 含量 0.16%～0.21%时，可能就能满足锯缘青蟹幼体的营养需求。

三、青蟹对碳水化合物的营养需求

在青蟹幼体的发育过程中，各期幼体碳水化合物干重的比例与含量保持着稳定的低水平（仅占幼体干重的 2%～4%）。从 Z1 期发育到 Z4 期，碳水化合物的含量也呈增加趋势，其中 Z3 期增加最多，但随后幼体的碳水化合物的含量连续减少；而糖原则是 Z1 期含量很低，Z2、Z3 期增加，Z5 和 M 期明显高于其他各期幼体，且以 Z5 期为最高。与糖类代谢有关的醛氧化酶、乳酸脱氢酶和 α-淀粉酶则随着发育期不同，其同工酶谱有明显的变化，说明青蟹糖类代谢因发育期而异。

幼体消化道组织化学观察结果也表明，消化道中所含的糖原比较少，而且各发育期的含量不一样。糖原含量不是随着发育期而递增，而是在 Z3、Z5 和 M 这 3 个发育期增加量比较明显。

四、亲体对营养的需求

亲体的营养状况极大地影响着其生殖力，也直接影响卵子的数量、质量和胚胎发育，以及其后续自营养阶段幼体发育的整个过程。与其他水生动物一样，甲壳动物在成熟过程中，必须获得充足的营养物质和能量，以满足体内合成代谢、性腺成熟、胚胎发育和胚后发育所需。

有关青蟹生殖营养的研究较少，目前，仅厦门大学艾春香团队在青蟹亲体营养方面开展了初步的研究，取得的主要结果如下：

（1）卵巢发育过程中，雌体的肌肉、卵巢和肝胰腺中的糖原、蛋白质、总脂、脂类、脂肪酸和含水量分析结果表明，随着性腺发育，脂类从肝胰腺向卵巢转移。肌肉的蛋白质和总脂含量变化均不大。20∶5n3、22∶6n3、18∶2n6、18∶3n3 是青蟹必需脂肪酸，在饲料中适量添加，将有助于其受精、孵化、幼体存活、生长发育和变态。而 n3/n6 配比适当，将对促进性腺成熟、提高卵子受精和孵化率起着重要作用。

（2）对卵黄发生期卵巢与肝胰腺中脂类的分析发现，卵黄发生时期，肝胰腺吸收的脂肪均及时转运到发育中的卵巢。在卵黄发生期，卵巢或肝胰腺磷脂占总脂的百分含量无显著变化，肝胰腺中游离脂肪酸逐步增加，甚至在卵黄发生后期超过 TAG 的含量。在卵黄发生阶段，无论肝胰腺或卵巢，其 LP 的 HUFA 显著高于中性脂，而 SFA 含量相对较低；肝胰腺脂类脂肪酸组成中发生主要变化的是中性脂 n-3HUFA，尤其是 DHA 的含量显著降低。在卵黄发生初期，肝胰腺磷脂与卵巢中性脂的脂肪酸组成无显著差异，但在卵黄发生旺期，肝胰腺 LP 的 HUFA 显著高于卵巢中性脂的含量。

（3）青蟹胚胎发育分为 10 期，对各期酶比活力的研究表明，第 1~8 期胚胎蛋白酶、淀粉酶、脂肪酶活力低但较稳定；纤维素酶则到第 8 期才表现出活力，而这时其他 3 种酶的活力则显著提高。如果胚胎第 8 期这几种酶的活力没有提高，胚胎往往孵化不成功，或者孵化之后幼体看似正常，也很活泼，但往往不能变态为 Z2 期。说明胚胎第 8 期酶活力的提高，是为孵出的幼体开口摄食饵料做准备的。据此，可将胚胎水解酶活性作为 Z1 期可否用于人工育苗的指标。

第三节　青蟹对天然饵料的开发与利用

青蟹人工育苗过程中涉及使用的生物活饵料种类，包括轮虫、卤虫无节幼体、桡足类等 3 种，以及作间接饵料和调节育苗水质的微绿球藻等单胞藻类。

一、微绿球藻的规模化培养

微绿球藻属绿藻门、绿藻纲、四胞藻目、胶球藻科，在养殖生产中习惯称之为海水小球藻。其细胞球形，细胞壁极薄，具淡绿色的色素体 1 个，眼点淡橘红色。在生长良好的情况下，色素体很深，不容易观察到眼点。人工培养快速生长时，细胞会变小。繁殖方式为无性生殖的细胞二分裂，其繁殖力大于小球藻。微绿球藻因其易保种、生长繁殖迅速、培养所要求的生态条件简单等特点，成为目前大黄鱼育苗生产单细胞藻类的主要培养种类。

笔者归纳了一套适合规模化生产性育苗的单细胞藻类培养实用技术，现介绍如下：

1. 生态条件要求

（1）盐度 对盐度的适应性很广，可在 4～36 的盐度范围中生长繁殖，并可保存在盐度 2～54 的海水中。

（2）温度 在 10～36℃的温度范围内都能比较迅速地繁殖，最适温度范围在 25～30℃。

（3）光照 适光范围广，偏强光，最适光照强度约在 10 000lx 左右。

（4）酸碱度 最适 pH 范围 7.5～8.5，相对于小球藻 pH 的最适范围 6～8，更适合自然海水的培养条件。

（5）水质环境 微绿球藻在有机质丰富、特别是氨盐丰富的水环境中生长繁茂。

2. 一级培养（藻种培养）

（1）藻种种源选择 一级藻种培养，是培育单细胞藻类最关键的一环。确保了藻种的纯正无污染，才能保障后期培养的成功。藻种尽可能取自技术力量较强的科研院所或信誉较好的生产单位。藻种来源最好采集自不同的 2～3 个地方，分别进行保种，以便选择能适应本地区培养的藻种进行扩种培养。

（2）培养容器 可用 100～3 000mL 的三角烧瓶作为保种容器。

（3）培养用水及器具的消毒处理 一级培养用水要经过严格过滤，光线下不见混浊颗粒为佳，必要时用脱脂棉过滤。一级培养用水应煮沸消毒，包扎培养瓶口的纸张需经高压灭菌方可使用。保种用的烧瓶一定要消毒彻底，先用 1 ：1 盐酸洗刷，再用 1：5 盐酸加热煮沸 5～10min。

（4）营养液配制 将硝酸钠 60g、磷酸二氢钾 5g、硅酸钠 5g、柠檬酸铁 0.5g（均为化学纯试剂）、维生素 B_1 针剂 100mg、维生素 B_{12} 针剂 500μg，分别溶于 1 000mL 的蒸馏水中配成营养盐母液。营养盐母液采用煮沸或高压灭菌，维生素类营养盐在消毒后的水中加入。营养盐母液最好每天经 1 次高压灭菌（维生素类除外），最长使用时间不超过 3d，特别在高温季节。然后，按 1L 海水添加 1mL 营养盐母液配制藻种培养液。以上营养液配方为经验数值，各单位可根据各自海区情况调节使用。

（5）接种　根据藻种的浓度，一般采用 1∶（2～5）的比例进行接种。接种的藻种要是处于指数生长期的藻液，一般选择在晴天的 08∶00 左右进行接种较为适宜。

（6）培养条件　①温度，保种适温为 15～25℃；②盐度，盐度 25 左右保种效果更佳；③光照，注意遮光，避免光线直射瓶壁，最适光照强度控制在 5 000～10 000lx，根据藻种浓度和季节的不同以及是否充气培养予以调节；④pH，最适范围为 7.8～8.2。

（7）管理　①扩种分瓶时要注意瓶口不要互相接触，以免感染，每天定时摇瓶 3～4 次，摇瓶时务必使瓶底藻液旋起，以免使藻种形成沉淀或聚成团块状，同时也可防止附壁；②加营养盐、分瓶扩种、摇瓶等操作之前，用 75% 的酒精擦拭手、工具等；③每隔 3～5d，应及时追加营养盐；④平时仔细镜检观察，及时淘汰被污染及生长不良的藻种；⑤要根据藻种培养季节、藻类实际生长情况和育苗生物的摄食习性，提前 1～2 个月准备好藻种。

3. 二级培养（扩种培养）

（1）培养容器及消毒　根据场地条件可使用不同类型的器具，如大小透光塑料桶、玻璃钢槽及水泥池等，体积 1～10m³ 为好，水泥池水深不高于 0.8m。用于扩种培养的水泥池，一定要用漂白液、酸处理后，再用消毒海水冲洗干净方可使用。新建水泥池应做去碱处理，可用草酸浸泡 15d 以上或涂料等方法处理后方可使用（对于新建水泥池，由于具有"反碱"现象，需每天测量 pH，并调节到适当范围内）。

（2）培养用水消毒　培养扩种用水应用漂白粉消毒，随着季节的变化，水温逐渐增高，消毒海水用的漂白液剂量也要相应增加，使有效氯含量由 8～16mg/L 增加到 20～25mg/L。经消毒、曝气处理 8～12h 后，用等量的硫代硫酸钠中和余氯。

（3）营养盐配制　为降低生产成本，大规模扩大培养可用工业纯的尿素、过磷酸钙等代替培养的 N、P 来源。

（4）培养条件　①接种，根据藻种供应、藻种密度和生产实际情况，接种比例以 1∶（10～20）较为适宜，室外培养时应适当提高接种比例；②充气，二级培养最好采用充气培养，不仅有利于藻类的繁殖，而且减少了搅拌次数，相应降低了污染机会。

（5）管理与注意事项　①为了获得大量用于生产使用所需的无污染藻液，在操作上尽量延续一级培养方法。②各池加营养盐的桶、勺子等工具应分池专用。水泥池台、地沟、地板，随时用盐酸、漂白液消毒之后再用消毒海水冲洗。③扩种操作一般选择上午进行。④温度低时，扩种比例小些；温度高时，扩种比例应适当增大。⑤每天早晨、晚上要镜检，如果发现问题，应及时解决。对于微绿球藻若发现有原生动物，可用 HCl 使水体 pH 降至 2.0～3.0，酸化处理 0.5～1h 后，再用与 HCl 等量的 NaOH 中和恢复水体 pH 的方法进行处理。⑥注意开窗通风，促进藻液生长，避免藻液出现沉淀现象。⑦培养出的藻液，经镜检确定无污染、藻体处指数生长期、藻色鲜嫩方可用于接种。

二、褶皱臂尾轮虫的规模化培养

褶皱臂尾轮虫，隶属于轮虫门、单巢目、臂尾轮虫科、臂尾轮虫属。褶皱臂尾轮虫具有个体小、游动缓慢、便于仔鱼捕食，营养丰富、易于消化吸收，对环境适应性强、生长快、繁殖迅速、适合大规模、高密度人工培养等特点。褶皱臂尾轮虫根据个体的大小不同，通常分为 3 种类型：一般把背甲长在 $160\mu m$ 以下、宽 $100～120\mu m$ 的成虫称为 S 型；把背甲长在 $190\mu m$ 以上、宽 $150\mu m$ 以上的成虫称为 L 型；个体大小介于该两者之间的称为 M 型。但是，培养水温的高低、培养饵料的种类和培养密度的大小，均会导致褶皱臂尾轮虫形态大小和类型变异。相对来说，在高温条件下，投喂酵母饵料，高密度培养的轮虫个体均较小；而在低温条件下，投喂微藻饵料，低密度培养的轮虫个体均较大。

褶皱臂尾轮虫生长适温和适盐较广。最适的水温范围在 $23～28℃$。在适温范围内，适当提高水温，可促进轮虫的增殖；最适的盐度范围在 $15～25$，在适盐范围内，适当降低盐度，可加快轮虫的扩繁。而水温的突然明显下降或盐度突然明显提升，将造成轮虫的活力下降、沉底死亡，或形成休眠卵，导致轮虫培养的失败。

褶皱臂尾轮虫一般滤食 $25\mu m$ 以下粒径的细菌、微藻、小型的原生动物和有机碎屑等，并具有嗜好有机物质的特性。褶皱臂尾轮虫的生殖方式是单性生殖和两性生殖交替进行。人工培养条件下的褶皱臂尾轮虫，是以单性生殖、也称为孤雌生殖方式进行繁殖的，群体数量增殖速度很快，可以达到生产上的要求。当轮虫进入有性生殖阶段，就意味着轮虫人工培养的结束或失败。

目前，轮虫规模化培养技术可分成室内水泥池培养、室外大规格水泥池培养和池塘培养等 3 种模式。

1. 轮虫的室内水泥池培养

（1）培养用水泥池　培养轮虫的水泥池以容积 $30～50m^3$、圆形或倒角的长方形、池深 $1.5～2.0m$ 为宜。应有保温与通风自如的良好棚屋结构，光照度控制在 $500～800lx$。要求池底与池壁光洁，进水培养前应彻底洗刷，并先后分别用高浓度的漂白粉与高锰酸钾溶液消毒和干净海水冲洗。

（2）培养用水 使用的海水应经过 24h 以上的暗沉淀、砂滤和 300 目筛绢网袋过滤入池。早春培养需用人工增温，使水温控制在 23～28℃；秋季培养可使用常温海水，但晴好天气的白天应注意通风降温，夜间应注意保温，以保持培养水体的水温稳定。盐度可控制在 15～25。

（3）轮虫接种 先接入 600 万～800 万个/mL 密度的小球藻之类微藻。若密度太小，不能满足接种轮虫的营养需求；若密度太大，反而会抑制轮虫的增殖。接着，把水温调至略高于接种轮虫原来水体的水温；把盐度调至略低于接种轮虫原来水体的盐度。用作接种的轮虫以微藻饵料培养、个体较大、抱卵率较高的为好。入池前应筛除大小杂质和桡足类、原生动物等敌害生物，并彻底清洗。接种轮虫的密度可根据供接种轮虫的数量与培养池的水体而定，一般以 50～80 个/mL 为宜。轮虫接入后应连续微充气。充气的作用，一是保证培养水体中有充足的氧；二是使投喂的酵母在水体中保持悬浮状态以供轮虫摄食，也减少酵母沉底腐败而污染水质。

（4）轮虫的饵料及其投喂 ①轮虫饵料以面包酵母、微绿球藻等结合投喂，以面包酵母为主。轮虫接种入池时以微绿球藻作为基础饵料，当其密度明显降低、水色变浅时，开始投喂面包酵母。②投喂前应用吸管检测轮虫的密度，并用显微镜检查轮虫的状态、活力，以及抱卵与胃肠的饱满情况。面包酵母的日投喂量按每 100 万个 S 型或 L 型轮虫分别为 0.8g 与 1.0g，分 7～8 次投喂。如果搭配投喂微绿球藻，面包酵母的用量便相应减少。③每次投喂时，按轮虫数量称好面包酵母重量，用 300 目筛绢过滤网袋洗出悬浊液，并按 300～400μg/kg 酵母的比例添加维生素 B_{12}，稀释后在培养池中均匀泼洒。面包酵母悬浊液应坚持随配随投、少量多次泼洒，其目的是保证酵母的活性，避免下沉池底而造成浪费与水质恶化。④根据轮虫嗜食有机质的特性，每天或隔天在培养水体中泼洒 $1g/m^3$ 浓度、经充分发酵的小杂鱼虾浓缩液（俗称"鱼露"），能有效促进轮虫的生长、增殖。

（5）轮虫的采收 ①当轮虫培养密度达到 300～400 个/mL 时，就要考虑采收和接种扩池培养。②轮虫的采收可采用虹吸法收集：用 250～300 目筛绢网制作的收集网，放置于收集网框架和塑料桶上，用塑料管将培育池的轮虫虹吸收集网（图 5-1）。收集过程中，要不断地用清水冲洗收集网与轮虫，去除细小的原生动物等，避免收集网的网目堵塞，当收集网中的轮虫数量达到一定数量要及时更换收集网。③轮虫的采收也可采用直接排水收集法：将 300 目筛绢网制作成 φ11cm×200cm 轮虫收集袋，将其绑定在轮虫培育池排水口上，直接放水进行收集（图 5-2）。该采收方法简单，适用规模化采收。采收前要打开培养池排水口 2～3s 的时间，排出池底管口及其周边污物后，再用收集袋套在排水管上收集。待轮虫达到一定数量后，可暂时关闭排水口，换上新的收集袋，再打开排水口继续采收。④采收来的轮虫，按计划用于投喂鱼苗或重新接种扩繁。用于投喂鱼苗的轮虫，要用 2 000 万个/mL 的微绿球藻液进行 6h 以上的二次营养强化，以增加轮虫的高度不饱和脂肪酸含量。⑤根据青蟹育苗池投喂计划、轮虫培养池中轮虫的状态、达到的密度和水质状况，对轮虫采收采取"一次性采收"和"间收"两种方式。"一次性采收"，是指轮虫培养密度达到 300～400 个/mL 时，一次性全部采收；"间收"，是指轮虫达到 300～400 个/mL 的密度时，每隔 1～3d，带水采收其中 15%～30%的轮虫，然后继续加水培养。

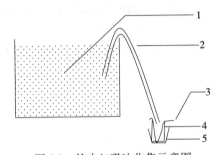

图 5-1 轮虫虹吸法收集示意图
1. 轮虫培育池 2. 塑料虹吸管（ϕ5cm）
3. 收集网（ϕ30cm×50cm）
4. 收集网铁质框架（ϕ30cm×50cm）
5. 塑料桶（ϕ40cm×40cm）

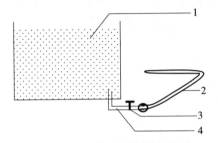

图 5-2 轮虫排水法收集示意图
1. 轮虫培育池 2. 收集袋（ϕ11cm×200cm）
3. 排水阀门 4. 培育池排水管（ϕ11cm）

2. 轮虫的室外大规格水泥池培养 室外大规格水泥池培养模式的优势，在于可利用室外光照条件。通过施肥培养微绿球藻饵料进行轮虫的培养，大大节省了增温、酵母饵料等培育成本，而且培养的轮虫个体大、抱卵率高、营养丰富、品质优良，可作为接种或直接投喂鱼苗之用。缺点是水温变化大，无法人为调控，生产稳定性较差。

（1）培养用水泥池 水泥池的容积在 100～200m³；池的形状以倒角的长方形为佳，以便于操作。池的走向与当地盛行风向平行，可利用自然风使水体翻动与增氧。池底与池壁光洁，池深 2.0～3.0m。以深一些为佳，既有利于保持水温的稳定，又可增加轮虫的培养量。由多口水泥池组成更佳，以便于相互间调节消毒水、微藻水与轮虫种的供应，保证生产的总体稳定。在池中设置 1 台 1kW 的水车式增氧机，用于上下层水体交换、增氧和后来的采收轮虫。

（2）培养用水 用水需经沉淀、砂滤等处理过的清洁海水；也可以从海区直接抽进海水，进水前用 300g/m³ 的生石灰或 30g/m³ 的漂白粉（有效氯含量为 30%）用量化水遍洒消毒。池水盐度在 15～25。

（3）施肥培养基础饵料与轮虫接种　培养用水经 5～7d 消毒，待毒性降解后，施以 $5g/m^3$ 的尿素和 $2g/m^3$ 的过磷酸钙，并接入部分小球藻等微藻种；再经过 3～5d，待水色变浓、透明度降近 20cm 时，即可接入约 10 个/mL 的轮虫。

（4）日常的施肥、投饵与管理　①室外水泥池培养轮虫的饵料以微绿球藻为主，当轮虫培养池水色变淡、透明度变大时，应及时施肥；采取少量、勤施办法，尤其是要抓住每一个晴天施肥，以利于微绿球藻的生长繁殖，为轮虫的增殖持续提供充足的微藻饵料。②安排其中 1～2 口室外水泥池用于培养高浓度的微绿球藻，保证对各轮虫培养池的饵料供应。③晴好天气时，在轮虫培养池中泼洒 $1g/m^3$ 浓度经充分发酵的小杂鱼虾浓缩液，促进轮虫的生长与增殖。当遇到多日阴雨天气、微绿球藻饵料供应不足时，可适当投喂面包酵母或微绿球藻浓缩液。④要适时开机搅拌水体与增氧。⑤要每天检测轮虫密度，镜检轮虫活力、状态以及抱卵与肠胃饱满度情况。

（5）轮虫的采收　轮虫在接种后，经过 8～10d 的培养，当池中培养的轮虫密度约达到 100 个/mL 时，就可逐步"间收"。采取方法可参照室内水泥池轮虫采收的直接排水法进行收集，也可在轮虫培养池表层，利用在水泵和水车式增氧机形成的水流方向张挂轮虫收集网进行收集。

3. 轮虫的池塘培养　池塘培养模式工艺简单，操作方便，不需要较多的配套设施；而且培养水体大，轮虫产量大；可充分利用池底沉积的鱼虾残饵、粪便等培养微藻作为轮虫的饵料，培养成本低，轮虫具有个体大且营养丰富、富含高度不饱和脂肪酸等优点。但也存在受天气变化影响大、敌害多等缺点。

（1）池塘的要求　对培养轮虫池塘的要求：①应选择在海、淡水水源充足的地方，以便在培养过程中调节池水的盐度在 15～25；②池塘规格 0.7～13.3hm^2，以 2.0～3.3hm^2 为佳，池深在 1.5～2.5m；③池塘的形状以长方形为宜，池塘的长边最好与当地盛行风向平行；④池塘保水性好，池堤平整、无洞穴，池底平坦，底质以泥质或泥沙质为好；⑤培养池中应配 1 台 1.5kW 的水车式增氧机。

（2）清塘　在春季水温升至 12℃ 以上、或秋季水温降至 30℃ 以下时，排干池水，清理池堤，平整池底，并曝晒 5～7d。接着，注入海水 20～30cm 深，按 $400g/m^3$ 的生石灰或 $40g/m^3$ 的漂白粉（有效氯含量为 30%）用量化水遍洒消毒。若为沉积淤泥较多的原鱼虾养殖池，应对底泥充分搅拌。

（3）注水　培养池消毒 5～7d，药性降解后，选择小潮汛海水较清澈时，分 3～4 次注水入池，注水量为池水深的 0.2～0.3m。首次注水后，使池水平均深达 0.5～0.6m，将盐度调至 15～25。每次入池的海水应经 250 目或 300目的筛绢网过滤，以防敌害生物入池。

（4）轮虫基础饵料培养　清池、注水后即可施肥培养微藻。按每 667m² 经发酵的禽粪 100kg 或小杂鱼虾 20kg、尿素 5kg 和过磷酸钙 5kg 进行首次施肥。若为沉积淤泥较多、底质较肥的原鱼虾养殖池，则可不投放有机肥。为加快微藻的扩繁速度，可从邻近土池抽进密度较大的微藻水作为藻种进行接种培养。

（5）接种轮虫　施肥后 3～5d，当水色变绿、透明度降到 20cm 以下，即可接入大于等于 5 个/mL 的轮虫。接种的轮虫也可从邻近土池中带水引种。对往年已培养过轮虫的池塘，由于淤泥中沉积有轮虫休眠卵，可不接种或少量接种。接种时要注意温、盐度差距，防止温、盐差较大导致对接种轮虫的影响。

（6）日常的施肥与管理　①采取少量、勤施的办法科学追肥，保持池中藻水的适宜密度，满足轮虫的饵料需求。随时观察水色变化情况，当水色过浓、微藻密度过大时，应及时添加新的海水；当水色变淡时，应及时追肥，尤其是晴好天气。为促进轮虫的生长与增殖，可适量泼洒经充分发酵的小杂鱼虾浓缩液。②要经常检测轮虫密度，镜检轮虫活力、状态以及抱卵和肠胃饱满度情况。③培养早期，随着轮虫培养密度的增大，适时添加新鲜海水扩大培养水体。伴随池水的渗透与蒸发，平时也要适当补充新鲜海水。除了春季水位保持在 1.5m 左右外，其他季节都可保持在 2.0m 左右。④为了保持池水的盐度稳定，当连日降雨、池水盐度明显下降时，要结合"间收"轮虫。排去部分池水后，选择涨潮平潮前后从海区下层抽进盐度较高的海水；当久旱无雨、池水盐度明显上升时，要适当引进淡水予以调节。⑤经常或适时地开动增氧机，促进上下水层的水体交换，使水体保持较高的溶解氧。

（7）轮虫的采收　①轮虫接种入池后，早春季节一般约经 15d，其他水温较高季节约经 7d；轮虫密度达 60～80 个/mL 时，应及时用"间收"方式多次采收。②可在池塘表层，利用在开动水车式增氧机形成的水流方向张挂轮虫收集网进行收集；也可以结合培养池换水或最后全池收光，用水泵把池水带轮虫抽入 250 目筛绢做成的大网箱中过滤而采收轮虫。③褶皱臂尾轮虫具有喜弱光而于早晨与傍晚栖于水的上层习性，可选择在清晨或傍晚时间进行采收。④每次间收的轮虫量，应视池内轮虫与微藻密度、增殖速度、水质变化等情况而定，一般占全池的 15%～30%。⑤对采收的轮虫用经处理的干净海水进行反复冲洗后，可直接用于投喂蟹苗或室内外轮虫培养池的接种。

4. 轮虫培养过程中病、敌害的防治　轮虫培养过程中，由于操作管理不当或水源污染等原因，易受到敌害生物的污染与侵害，而造成培养的失败。

（1）原生动物敌害的防治　包括游扑虫、尖鼻虫、变形虫等的大型原生动物（图 5-3）。为轮虫的竞争性敌害生物，主要危害在于抢食饵料。当它们大量繁殖时，还以轮虫为食。防治方法：①做好水源、培养池的消毒；②入池的海水、微藻水要用 250 目以上筛绢网过滤；③接种轮虫要用洁净海水充分冲洗；④停止投喂酵母类饵料，注入高浓度微藻水，以抑制原生动物的繁殖；⑤当培养池中原生动物大量繁殖时，应考虑排光池水，重新消毒、接种。

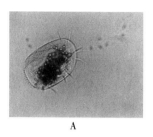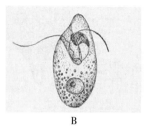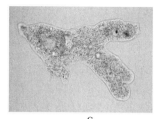

图 5-3　轮虫培养常见的几种敌害原生动物
A. 游扑虫　B. 尖鼻虫　C. 变形虫

（2）甲壳动物敌害的防治　主要有桡足类、枝角类等。它们中的一部分会抢食轮虫的饵料，为轮虫的竞争性敌害生物；另一部分属肉食性的种类会残食轮虫，为轮虫的食害性敌害生物。主要危害粗放型池塘培养的轮虫。防治方法：①彻底清池消毒；②入池的海水要用筛绢网过滤；③可全池泼洒 90% 晶体敌百虫溶液，使其在池水中浓度达 $1.0\sim1.2mg/L$。

（3）丝状藻类的防治　主要包括角毛藻、直链藻等硅藻类。室内外培养模式均会受到影响。该藻类由于个体大，轮虫无法摄食利用，室外培育池及光照度大的室内培育池，丝状藻类便利用光照疯长而形成优势群体。采收轮虫时，这些藻类以其丝状藻体糊住轮虫收集网的网眼而无法收集，最终只好把整池培养水体排光而造成轮虫培养的失败。防治方法：①对培养用水、接种轮虫和投喂的浮游生物饵料要严格过滤、认真筛选，以杜绝丝状藻的污染；②对室内培养池，要调低光照度，抑制其繁殖；③经常向室内培养池投喂高浓度的微藻饵料，及时对室外培养池施肥，促进微藻饵料成为轮虫培养池中的优势种群，来抑制丝状藻的生长；④对已经大量繁殖丝状藻的轮虫培养池，可用灯光诱捕方法采收轮虫。

（4）铁等金属离子污染的防治　铁（Fe^{3+}）等金属离子主要危害室内以投喂面包酵母为主的轮虫。其主要原因是，过滤海水的沙粒和增温管道、阀件含大量的铁锈而导致培养水体中铁等金属离子的含量过高。当培养水体受到铁等金属离子污染时，一方面使投喂的酵母悬浊液微粒会产生凝聚沉降，造成轮虫摄食不到酵母饵料、因饥饿而失去繁殖能力，以致沉底死亡；另一方面因沉积池底的面包酵母腐败而引起水质恶化，从而最终导致轮虫培养失败。防治办法：①阻断铁等金属离子污染源；②泼洒螯合物乙二胺四乙酸即 EDTA ［分子结构：$(HOOCCH_2)_2NCH_2CH_2N(CH_2COOH)_2$］。

三、卤虫无节幼体的孵化与收集

卤虫隶属于甲壳纲、鳃足亚纲、无甲目、盐水丰年虫科、卤虫属。卤虫有两种产卵模式：一为夏卵，卵膜薄，卵径为 0.15～0.28mm，夏卵产出后在育卵囊迅速发育为无节幼体孵出；二为孵化卤虫无节幼体用的卤虫卵为休眠卵（也称冬卵），具有很厚的外壳，正圆形，灰褐色，卵径为 0.20～0.32mm。初孵无节幼体全长 450～600μm，体宽约 200μm，卤虫无节幼体具有大小适合、运动缓慢、适口性好、营养丰富、适应性强、储存方便、容易孵化等优点。卤虫卵及无节幼体的蛋白质含量占干重的比例高达 40%～60%，脂肪含量达干重的 10%～30%。同时，还含有维生素、类胡萝卜素等，对水产幼苗的生长、着色具有一定的作用，且卤虫无节幼体具有不污染水质和可以进行营养强化等优点，更为重要的是适口、易被捕食、可作为输送营养物质的载体而被用于稚蟹培育。

1. 卤虫无节幼体的孵化

（1）孵化条件 ①孵化用水处理：海水经沉淀、砂滤后使用，最好在使用前经过紫外线消毒，可有效地减少细菌群数，预防细菌感染。②水质理化条件：水温 25～30℃；盐度 30～70；溶解氧 5mg/L 以上；光照 1 000lx；pH7.5～8.5。③孵化密度：以 2～5g/m³ 为宜。④施用过氧化氢：不但可以激活卤虫休眠卵，而且可以灭杀孵化水体中的细菌。有人曾有报道，使用 0.1～0.3mL/L 的过氧化氢，卤虫卵的孵化率从 30%～50% 提高到 70%～80%。⑤卤虫休眠卵消毒：卤虫卵在孵化前用二氧化氯等消毒剂进行表面消毒，可以有效地减少细菌量。⑥卤虫休眠卵的冷冻处理：在孵化前经潮湿冷冻处理，可显著提高孵化率。

（2）孵化时间 在适宜条件下，卤虫休眠卵可在 1～2d 内孵出无节幼体。

2. 卤虫无节幼体的分离 刚孵化出的无节幼体，因混有卵壳及坏卵，若不经分离直接投喂，仔鱼误食卵壳或死卵，易引起肠的梗塞，甚至死亡；同时，卵壳及坏卵还会污染的水质。为此，卤虫休眠卵孵化后，应认真对混在一起的卤虫无节幼体与卵壳、坏卵、有机碎屑等进行分离，一般使用光诱和重力原理制成的分离器（见第三章第一节）。其分离操作为：①在相通的 3 个水槽中注入海水，关闭裂口隔板；②把待分离的卤虫无节幼体混杂物放入中间水槽，并用盖板遮盖住中间水槽，使其成暗黑状态；③然后打开两侧水槽处的光源，把中间水槽两侧的隔板打开，无节幼体因趋光而通过裂口集中到两侧水槽，而坏卵和卵壳则留在中间水槽中，达到分离的目的。一般每次分离 10～20min，分离效果可达 90% 以上。

3. 卤虫无节幼体的营养强化 刚孵化的卤虫无节幼体，EPA 和 DHA 等

n-3HUFA 系列的高度不饱和脂肪酸含量很少，不能满足青蟹的发育与生长的需要，投喂易导致仔稚鱼"异常胀鳔病"而引起批量死亡。在投喂前要用富含高度不饱和脂肪酸的鱼油、微绿球藻等进行营养强化。但营养强化要在卤虫无节幼体开口时才有效；而卤虫无节幼体在无外源饵料摄入的情况下，随着个体的增大，其营养价值、适口性随之降低。为了保证卤虫无节幼体的适口性、又能达营养强化的效果，结合生产育苗实践，卤虫无节幼体营养强化时间宜控制在开口后 6h 以内。

第四节　青蟹人工配合饲料的研制

配合饲料是青蟹集约化、规模化和产业化养殖的物质基础，其除了满足青蟹对蛋白质、脂类、碳水化合物和能量的需求，更重要的是要能满足青蟹对氨基酸、脂肪酸、维生素和矿物质的营养需求，并充分考虑不同生长阶段（幼体、幼蟹、成蟹、亲蟹）的营养差别及摄食习性差异，应具备安全、环保、高效的特点。

目前，青蟹配合饲料大体可以分青蟹幼体用的微粒饵料、微膜饵料、微囊饵料以及幼蟹、成蟹、亲蟹系列配合饲料。

一、人工配合饲料研制关键技术

1. 营养标准的确定及配方设计　根据青蟹营养需求研究成果、青蟹机体生化成分以及喜食食物的营养分析，确定青蟹配合饲料的营养标准。并依据青蟹的营养标准、原料的营养特性以及养殖模式，设计并优化系列饲料配方。

2. 原料选择与粉碎

（1）原料的选择　应选择资源充足、营养丰富、营养素生物利用率高、新鲜、无特殊加工要求和安全卫生的原料。已有学者开展了青蟹对饲料原料消化率的研究。青蟹对鱼粉、乌贼粉、毛虾粉、肉骨粉、干椰子肉粉、小麦粉、米糠、玉米粉和去脂大豆粉等 9 种原料的表观消化率表明，除肉骨粉外，青蟹对其他原料干物质的消化率高，乌贼粉、玉米粉和去脂大豆粉中营养素的消化率高于肉骨粉，且碳水化合物丰富的植物性原料粗脂肪的表观消化率显著高于蛋白质含量丰富的动物性原料。锯缘青蟹幼蟹对纤维素、鱼粉、虾粉、血粉、大豆粉、小麦粉和鳕鱼油 7 种原料的干物质、能量和蛋白质表观消化率，分别为 $70.0\% \sim 95.7\%$、$77.4\% \sim 97.1\%$ 和 $57.7\% \sim 97.9\%$。大豆粉的能量表观消化率最大，面粉最低；鱼粉、虾粉、血粉的蛋白质表观消化率差异不显著，均比大豆粉的表观消化率低，而高于面粉，表明青蟹能较好地利用植物性饲料原料。因此，配合饲料中应该尽可能多地使用植物性原料，降低生产成本。

（2）原料的粉碎　青蟹消化器官简单，消化腺不发达，因青蟹体温低，所以各种消化酶活性均不高，肠道中起消化作用的细菌种类和数量均较少，食物在消化道内停留的时间较短。因此，在饲料加工中，青蟹饲料原料要求具有更细的粉碎粒度，要求95％以上的饲料通过80目筛绢过滤，以提高饲料的混合均匀性、颗粒成型率和水中的稳定性以及青蟹对营养物质的消化吸收。

3. 饲料加工工艺的制定　根据青蟹系列饲料配方、摄食习性及原料的加工特性，制定并改进饲料加工工艺，使生产的青蟹饲料具有一定的弹韧性。一般采取如下工艺：原料的筛选、合理配比→混合→粉碎→调质→制粒→冷却与干燥→包装。

二、人工配合饲料的应用

1. 人工配合饲料在幼蟹培育中的应用　艾春香等（2006）以在实验室取得有关青蟹营养生理、营养需求和摄食生态研究结果为基础，采取优质进口鱼粉、酵母粉、膨化大豆粉、虾头粉和玉米粉等为主要原料，设计出饲料基础配方（表5-8）。以"景宝牌"HJ-Ⅰ水产饲料黏合剂作为黏合材料，用小型挤压式颗粒机生产试验用饲料。养殖试验以青蟹幼蟹为对象，试验结果表明，投喂50％配合饲料＋50％天然饲料（短齿蛤）的仔蟹增重率最高，全部投喂配合饲料组最低。

表5-8　青蟹配合饲料的主要营养成分含量

（艾春香，2006）

成分	含量（％）	成分	含量（％）
粗蛋白质	40.0～46.0	盐分	2.0～2.5
粗脂肪	8.0～10.0	钙	2.0～3.0
水分	8.0～10.0	磷	1.5～1.8
灰分	12.0～15.0	—	—

莫兆莉等（2014）在基础日粮配方（表5-9）中添加4％、8％、16％、32％的不同水平大麦虫粉，以个体平均体重为0.020g、头胸甲宽为（0.38±0.06）cm、头胸甲长为（0.29±0.04）cm的锯缘青蟹Ⅰ期仔蟹为研究对象，进行45d的饲养试验。结果表明，大麦虫粉添加浓度为16％时，锯缘青蟹的生长性能最好；大麦虫粉添加浓度为8％时，其蛋白酶和淀粉酶活力最高。

表 5-9 基础日粮配方

（莫兆莉，2014）

原料	配比（%）	原料	配比（%）
鱼粉	40	玉米粉	4
豆粕	38	复合多矿预混料	1
大豆油	2	复合多维预混料	1
米糠	4	食盐	1
麦麸	4	磷酸二氢钙	2
α-淀粉	3	—	—

董兰芳等（2017）研究了饲料中糖脂比对拟穴青蟹仔蟹生长性能、体组成和消化酶活性的影响。以初始体重为（41.4±0.3）mg 的拟穴青蟹仔蟹为试验对象，分别投喂糖脂比为 0.54、0.88、1.39、2.08 和 3.50 的等氮（约44%）等能（约 19.5MJ/kg）饲料 3 周。结果表明：①饲料糖脂比对拟穴青蟹仔蟹的终末平均体重（FABW）、成活率（SR）、增重率（WGR）以及特定生长率（SGR）均有显著影响（$P<0.05$）。随着饲料糖脂比的增大，拟穴青蟹仔蟹的 FABW、SR、WGR 以及 SGR 均呈先升高后降低的趋势，且均是糖脂比 1.39 试验组最高，显著高于糖脂比 0.54 和 3.50 试验组（$P<0.05$）。②饲料糖脂比对拟穴青蟹仔蟹的水分、粗蛋白质和粗灰分含量没有显著影响（$P>0.05$）；而对粗脂肪含量的影响显著（$P<0.05$），糖脂比 0.54 试验组的脂肪含量最高，显著高于糖脂比 2.08 和 3.50 试验组（$P<0.05$）。③饲料糖脂比对拟穴青蟹仔蟹的淀粉酶活性没有显著影响（$P>0.05$）；但显著影响蛋白酶和脂肪酶活性（$P<0.05$）。随着饲料糖脂比的增大，蛋白酶活性呈先增大后减小的趋势，脂肪酶活性呈降低的趋势，糖脂比 1.39 试验组的蛋白酶活性显著高于其他试验组（$P<0.05$）；糖脂比 0.54 和 0.88 试验组的脂肪酶活性显著高于糖脂比 2.08 和 3.50 试验组（$P<0.05$）。以增长率为评价指标，经回归分析得出拟穴青蟹仔蟹饲料的适宜糖脂比为 2.07。

2. 软颗粒饲料在青蟹育肥培育上的应用 笔者（2019）采用自制的软颗粒饲料（饲料原料由鳀、鱼粉、水、复合多维、蜕壳素和石花粉组成，比例按37%：37%：10%：7%：5%：4%）。营养成分如表 5-10，应用于工厂化循环水拟穴青蟹养殖中，研究对其成活、生长和肌肉氨基酸组分的影响。结果显示，投喂软颗粒饲料的拟穴青蟹，养殖成活率为（82.4±6.72）%，极显著高于对照组（$P<0.01$）；甲壳长和体重的特定增长率，显著大于对照组（$P<0.05$）；蜕壳时间为（28.5±6.36）d，显著低于对照组（$P<0.05$）。分析投喂后的肌肉营养成分，结果为投喂软颗粒饲料的拟穴青蟹肌肉中氨基酸总量为（13.06±5.23）%，极显著高于对照组（$P<0.01$）；必需氨基酸为

(4.33±1.64)％和呈味氨基酸为(5.35±2.02)％,显著高于对照组（$P<0.05$）；但必需氨基酸指数为70.44，小于对照组。

表 5-10 软颗粒饲料的营养成分（湿物质基础）
（黄伟卿，2019）

成分	含量	成分	含量
粗蛋白质（％）	26.6	盐分（％）	1.29
粗脂肪（g/kg）	28.0	钙（％）	3.16
水分（％）	35.5	磷（％）	0.98
粗灰分（％）	13.1		

3. 软颗粒饲料在膏蟹培育上的应用 笔者（2018）采用自制的软颗粒饲料［饲料原料由鲜杂鱼（多油脂）、鱼粉、水、复合多维和卡拉胶组成，比例按75％∶20％∶3％∶2％］。营养成分如表 5-11，进行青蟹培育"红膏蟹"。结果表明，投喂软颗粒饲料育成"红膏蟹"的时间［（29～31）d］和肌肉占比（59.89％～60.84％），显著低于投喂冰鲜杂鱼和贝类（$P<0.05$）；而在培育成活率（96.9％～97.1％）、体重增加率（67.26％～69.47％）、特定增长率（每天增长1.39％～1.53％）、可食部分（65.67％～66.32％）和红膏蟹占比（17.36％～17.68％），均显著高于投喂冰鲜杂鱼和贝类（$P<0.05$）。投喂软颗粒饲料组的"红膏蟹"肌肉中，粗蛋白、脂肪和水分的含量分别为19.9％、0.8％和75.1％；生殖腺中，粗蛋白、脂肪和水分含量分别为30.59％、14.50％和54.69％；肌肉和生殖腺中，必需氨基酸的含量分别为每100g含5.59g和8.14g，呈味氨基酸的含量分别为每100g含6.50g和9.90g，氨基酸评分分别为71.7和100；肌肉和生殖腺中，饱和脂肪酸总量组分别为44.0％和49.2％，单不饱和脂肪酸总量分别为24.6％和29.2％，多不饱和脂肪酸总量分别为27.9％和15.7％。

表 5-11 软颗粒饲料的营养成分（湿物质基础）
（黄伟卿，2018）

成分	含量	成分	含量
粗蛋白质（％）	21.89	盐分（％）	1.21
粗脂肪（g/kg）	96.0	钙（％）	2.11
水分（％）	52.8	磷（％）	0.72
粗灰分（％）	7.8		

综上表明，投喂软颗粒饲料提高了肌肉中粗蛋白质的含量，且肌肉和生殖腺中含有丰富全面的营养质，蛋白质含量高，氨基酸种类齐全，比例均衡，必需氨基酸和呈味氨基酸含量均较高，肉质鲜美，不饱和脂肪酸比例也较高。

第六章 青蟹的病害与防治

在青蟹育苗、养成期间，由于清塘除害时消毒或池水过滤不严格、饵料用量不当、放养密度不合理，容易造成水质恶化。尤其在一些地区采取的是混养、套养和低密度养殖，养成池的池水较浅，环境变化大，所以常会引起一些病害的发生。当前对青蟹疾病防治的研究工作相对于养殖生产来说非常滞后，基础理论研究很少，诊断方法和技术不成熟，病虫害防治技术水平不高，缺乏针对性的药物和防治技术。此外，对于防病与养殖模式的相互关系研究不足。随着沿海各省青蟹养殖产业的迅速发展，养殖方式逐渐由粗放型向集约化转变，应激源不断增加，导致疾病时有发生，且呈现日趋严重的势头，流行越来越广，危害越来越大，这将会严重制约我国青蟹养殖业的发展。为此，对于青蟹养殖病害，应积极采取预防为主、防治结合、防重于治、无病先防、有病早治的方针，尽量排除致病因素，从增强青蟹的体质和自身的抵抗力入手，从营养学角度来提高青蟹的抗病力。更重要的是，重视改善养殖环境，要营造稳定优质的水环境。养蟹与养鱼、虾一样，要把好水质关，养好并使用绿色渔药，以减少、减轻病害的发生，达到无公害健康养殖、高产高效的目的，使我国青蟹养殖沿着健康的方向持续发展。

第一节　甲壳类的免疫系统

青蟹属甲壳动物，无特异性免疫系统，非特异免疫系统在其抵御病原侵袭过程中发挥着重要的作用。虾蟹的非特异免疫系统，包括甲壳的体表屏障作用，鳃、血窦和淋巴器官的滤过作用及细胞免疫和体液免疫（图6-1）。

细胞免疫包括血细胞对异物的吞噬、杀灭、清除等作用。体液免疫为血淋巴中的生物活性因子，包括酚氧化酶、凝集素、抗菌肽、溶菌酶、超氧化物歧化酶、过氧化物酶、碱性磷酸酶、酸性磷酸酶、血蓝蛋白等体液免疫因子对外来入侵物的凝集、杀灭、清除等作用。

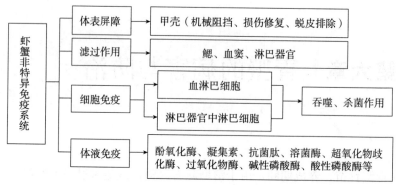

图 6-1　虾蟹等甲壳动物非特异免疫系统

(刘问，2010)

一、细胞免疫

参与虾蟹细胞免疫反应的血细胞，主要来源于血淋巴及淋巴器官。血细胞随血淋巴循环遍布虾蟹全身，主要分布于血窦和鳃丝腔中。有关虾蟹血细胞的研究始于 19 世纪，随着光学显微镜、电子显微镜及染色技术的发展，认识逐渐深入。通常根据细胞质中颗粒数量、大小、染色特性及细胞大小、核质比等特征，将虾蟹血细胞分为无颗粒细胞、小颗粒细胞和大颗粒细胞 3 类。周凯等（2006）采用亚甲基蓝、瑞氏染色方法结合光镜、电镜观察，将锯缘青蟹血细胞分为 4 类：无颗粒细胞、小颗粒细胞、中间型细胞和大颗粒细胞。有些学者推测，血细胞的不同类型可能代表不同的细胞发育阶段。

虾蟹血细胞具有吞噬杀菌的作用，主要包括对异物的吸附、吞入和消化杀菌 3 个阶段。血细胞在血清因子的作用下完成对异物的吸附，然后血细胞伸出伪足或形成凹陷将异物颗粒吞入进行分解，此时细胞会发生形态和染色特性上的变化。Johansson（1988）分离到螯虾（*Pacifastacus leniusculus*）76ku 的血细胞附着因子，该因子以非活化状态存在于颗粒细胞和半颗粒细胞中，活化后作为血细胞附着因子，具有促进血细胞吞噬的作用。

周凯等（2006）研究表明，锯缘青蟹的小颗粒细胞富含线粒体且具伪足，可能存在较强的代谢能力，以适应消化异物等功能。Söderhäll 等（1986）发现，无颗粒细胞也具有较强的吞噬功能，并且认为无颗粒细胞、小颗粒细胞、大颗粒细胞可能具有相互协同作用：小颗粒细胞在异物刺激下发生胞吐作用，释放酚氧化酶原系统组分，并刺激无颗粒细胞发生吞噬，同时，刺激大颗粒细胞释放酚氧化酶组分，从而对细胞免疫反应发生作用。

二、体液免疫

体液免疫在虾蟹免疫防御系统中发挥着重要作用，目前已知体液免疫因子包括血淋巴液中的各种生物活性因子，主要有酚氧化酶、凝集素、抗菌肽、溶菌酶、超氧化物歧化酶、过氧化物酶、碱性磷酸酶和酸性磷酸酶、血蓝蛋白等。以上体液免疫因子具有识别外来入侵病原、与异物结合协助血细胞的吞噬及凝集、沉淀、包囊、溶解、杀灭病原体等作用。

1. 酚氧化酶　酚氧化酶（phenoloxidase，PO）又叫单酚氧化酶或酪氨酸酶，可氧化酪氨酸邻苯二酚，进而再氧化成 O-苯醌的酶，是甲壳动物体内重要的非特异性体液免疫分子。酚氧化酶通常以非活性酚氧化酶原（prophenoloxidase, pro PO）的形式存在于虾蟹血细胞中，可经特异性丝氨酸蛋白酶的级联反应活化，参与机体的免疫防御反应。

虾蟹血细胞中存在非活性形式的内源性丝氨酸蛋白酶，当病原体入侵机体后，病原体的结构成分如细胞壁中的葡聚糖或脂多糖等可激活丝氨酸蛋白酶，丝氨酸蛋白酶随后又激活 pro PO，将其转变为活性的 PO。PO 将酪氨酸邻苯二酚氧化成醌，形成最终产物黑色素。黑色素及其中间代谢产物为高活性的化合物，可通过抑制胞外蛋白酶和几丁质酶而影响病原微生物的生长。病原体侵入甲壳动物后，其体腔往往变黑，即是由 pro PO 系统级联反应引起。在机体参与免疫防御反应时，半颗粒细胞和颗粒细胞中的 pro PO 首先释放到胞外，被激活后参与免疫反应。

PO 活力与虾蟹病原感染状态、营养状况、养殖水环境和个体发育阶段等密切相关。凡纳滨对虾（*Liptopenaeus vannamei*）在感染桃拉综合征病毒（TSV）后，血清中的 PO 活力明显升高，表明酚氧化酶参与了机体的免疫防御反应。有研究表明，采用植物乳酸菌投喂凡纳滨对虾，结果发现，对虾 pro PO 的转录水平和 PO 活力均有升高。蓝蟹（*Portunus pelagicus*）在缺氧、高 CO_2、低 pH 的环境下，血细胞中的 PO 活力随之下降，导致其抵御病原的能力减弱。虾蟹在不同的发育阶段，pro PO 基因的转录、表达水平也不同。在幼体发育过程中，pro PO 基因的转录明显晚于其他体液免疫因子，且表达水平明显低于其他体液免疫因子，表明虾蟹在幼体阶段的免疫功能可能还不够完善，易受病原微生物的攻击。

2. 凝集素　凝集素（lectin）是一类能与动物红细胞、菌体及其他抗原发生凝集反应的物质，一般为蛋白质或糖蛋白复合物，凝集作用通过与细胞表面的多糖结合发生。1903 年，日本学者野口从鲎（*Limulus polyphemus*）体液中检测到血细胞凝集素（hemagglutinin），是最早发现的甲壳动物凝集素。随后，相继从 40 余种甲壳动物中发现了凝集素。

凝集素介导异物的识别、结合及吞噬、细胞间黏附、胞饮等多种反应，在机体防御中发挥着重要作用。凝集素的促吞噬作用和清除异物的功能通过以下机制实现。一方面凝集素与异物结合后易被血细胞所识别，从而诱导血细胞对异物的吞噬；另一方面凝集素可促进血细胞活化，诱导血细胞中各种酶类释放，从而杀灭异物。

3. 抗菌肽 抗菌肽（antimicrobial peptide）是由生物体产生、抵抗外来病原侵袭并具有广谱抗微生物作用的多肽类物质，是天然免疫系统的重要组成部分。抗菌肽的研究始于 20 世纪 80 年代初，最早由 Boman 等从美国天蚕（*Hyatophara cecropia*）蚕蛹中分离到具抗菌活性的多肽-cecropins。至 2002 年，已从不同真核生物中分离到 700 多种抗菌肽。甲壳动物的抗菌肽，最早由 Schnapp 等于 1996 年分离自三叶真蟹（*Carcinus maenas*）的血细胞溶解物，具抗革兰阳性和革兰阴性菌活性。

不同抗菌肽的作用机制不同，多数抗菌肽可直接作用于细菌细胞膜而杀死细菌，无需受体介导；而少数抗菌肽需要受体协助，才能发挥抗菌作用。一般认为抗菌肽的作用机制是通过分子聚集在细菌细胞膜内外形成离子通道，导致膜去极化，不能维持正常的渗透压，胞内容物大量外流，最后细胞停止生长或死亡，这种杀菌机制称为通道理论。抗菌肽的这种作用机制使得细菌对杀灭作用不易产生抗性，也是抗菌肽与传统抗生素作用机制的最大区别。

4. 溶菌酶 溶菌酶（lysozyme）又称黏肽 N-乙酰基胞壁酰水解酶，是一种碱性蛋白。1922 年，英国细菌学家 Alexander Fleming 最早从人的唾液、眼泪中发现具溶菌活性的物质，命名为溶菌酶。溶菌酶广泛存在于动物、植物和微生物中，是重要的非特异性免疫因子，在抵抗外来病原入侵的防御反应中起重要作用。

溶菌酶杀灭细菌的作用机制为切断肽聚糖中 N-乙酰葡萄糖胺和 N-乙酰胞壁酸之间的 β-1,4 糖苷键，破坏肽聚糖支架，破坏细菌细胞壁，最后导致细菌崩解。按进化地位和氨基酸序列差异，溶菌酶可分为 5 类：鸡蛋清溶菌酶（c-型）、鹅溶菌酶（g-型）、噬菌体溶菌酶（p-型）、植物溶菌酶和细菌溶菌酶。虾蟹的溶菌酶属于 c-型溶菌酶。

5. 超氧化物歧化酶 超氧化物歧化酶（superoxide dismutase，SOD）是机体抗氧化酶系统中重要的一类酶，具有清除活性氧和自由基的功能，在防止生物大分子损伤、延缓机体衰老等方面发挥重要的作用。

微生物入侵机体被血细胞包裹后，机体可产生一系列抗微生物物质，包括超氧离子（O_2^-）、过氧化氢（H_2O_2）、氢氧根离子（OH^-）和单线态氧（$^1O_2$）等高活性氧物质，这些高活性氧物质具有潜在的细胞毒性作用。抗氧化防御系统可快速有效地清除活性氧物质，恢复机体正常功能，其中，SOD

在这一过程中发挥着重要的作用。

6. 过氧化物酶　过氧化物酶（peroxidase，POD）是机体抗氧化酶系统中的重要酶类，广泛存在于生物体内，是一类含铁卟啉辅基酶类，可使 H_2O_2 分解，主要存在于过氧化物酶体中。过氧化物酶参与多种生理代谢反应，具有清除细胞生理代谢过程中的活性氧，减少其对正常细胞的损伤，维持细胞正常生理活动，从而提高机体免疫功能和抗病能力的作用，是机体免疫功能的重要指标。

7. 碱性磷酸酶和酸性磷酸酶　碱性磷酸酶（alkaline phosphatase，ALP）和酸性磷酸酶（acid phosphatase，ACP），均为磷酸单脂酶，是生物体代谢的关键酶之一。在催化磷酸单酯的水解反应及磷酸基团的转移反应，磷化物和其他营养物的消化、吸收、转运及蜕壳过程中发挥着重要作用。ALP 和 ACP 是溶酶体的重要组成部分，研究表明，在甲壳动物血细胞吞噬、包裹的免疫反应中，伴有 ACP 的释放，ACP 可通过水解作用将表面带有磷酸酯的异物破坏或降解。

8. 血蓝蛋白　血蓝蛋白（haemocyanin）是一类含有铜离子的寡聚蛋白，起着运输氧的重要功能。对血蓝蛋白的结构研究发现，当血蓝蛋白执行携氧功能时，由于一些重要的氨基酸残基阻挡，其活性部位只允许氧分子进入，酚类底物不能进入；而当血蓝蛋白的 N 末端发生水解或氨基酸残基构型改变后，血蓝蛋白的铜活性位点能与酚类等更大底物结合，从而表现出 PO 功能。β-1,3-葡聚糖、胰蛋白酶、十二烷基硫酸钠等，可使血蓝蛋白显示 PO 活性。

第二节　甲壳类的病害诊断方法

一、传统的诊断方法

1. 临诊症状观察法　引起对虾、蟹病毒性病害的病原菌，主要有白斑综合征病毒、托拉综合征病毒、皮下及造血组织坏死病毒和黄头病病毒。随着研究的深入，感染这四种病毒的病蟹全都产生相应的发病症状，这些特征有助于诊断。对虾感染后的发病期表现出明显的甲壳内表面白斑，会产生特定的黑斑，患有病的对虾在养殖池中缓缓上升到水面，继而缓慢沉没于水底，重复不断直到被健康虾攻击吞食，虾的表皮上皮、特别是腹部背板接合处经常出现白色或浅黄色的斑点，使对虾看上去体色斑驳。

但是有关青蟹的病害临诊不如对虾研究的成熟，只是有对症状的观察，而病原菌的诊断还在不断地研究中。

2. 组织学方法　组织病理学是诊断生物疾病最常用、最重要的一种方法。采用石蜡包埋、切片制作，用姬姆萨、孔雀石绿、甲苯胺蓝、T-E（苔盼蓝-伊红）染色制作病理组织切片，在光学显微镜下观察细胞形态和病理变化，结合蟹的发病症状，可以做出初步的诊断。染色是组织学和病理学中的常规染色方法，主要染色液成分有苏木精和伊红。苏木精染液通过加入不同媒染剂配制，或经媒染剂媒染切片后再染苏木精液，可显示不同的组织成分，因此，可与伊红结合使用分别与组织细胞的不同组分结合，使细胞核、细胞质和细胞内其他结构产生反差明显的蓝紫色和红色，便于观察组织结构的病理变化。但是该方法存在很大的缺点，耗时长，操作繁琐。

二、免疫学方法

免疫学诊断技术建立在抗原抗体反应的基础上，抗原抗体反应是指抗原与相应抗体之间所发生的特异性结合反应，不同的微生物有其特异的抗原并能激发机体产生相应的特异性抗体。该方法操作简便，重复性好，现场应用性较强。常用的建立在免疫学基础上的检测方法有酶联免疫吸附法、斑点免疫吸附试验、荧光抗体技术和免疫酶技术等。

1. 酶联免疫吸附法 酶联免疫吸附法的基础是抗原或抗体的固相化及抗原或抗体的酶标记。加入酶反应的底物后，底物被酶催化成为有色产物，产物的量与标本中受检物质的量直接相关，故可根据呈色的深浅进行定性或定量分析。由于酶的催化效率很高，间接地放大了免疫反应的结果，使测定方法达到很高的敏感度。

2. 斑点免疫吸附试验 实验原理与常规的酶联免疫吸附法相同，在进行酶联免疫吸附法测定时，借用了免疫印记技术的某些原理和方法，使操作更为方便、简单和经济实用，几乎各种经典的酶联免疫吸附法检测都可以用本法进行。主要优点是所需样品量少，可定性和半定量检测。

3. 荧光抗体技术 以荧光物标记抗体进行抗原定位的技术。荧光抗体与被检抗原发生特异性结合，形成的免疫复合物在一定波长光的激发下可产生荧光，借助荧光显微镜可检测被检抗原。荧光抗体技术在临床检验上已用被作细菌、病毒和寄生虫的检验及自身免疫病的诊断等。

4. 免疫酶技术 免疫酶技术是根据抗原与抗体特异性结合，以酶作标记物，酶对底物具有高效催化作用的原理而建立的。这种酶标记物同时具有免疫学反应性和化学反应性，将其与待测的抗原或抗体结合，通过酶的活性降解底物呈现出颜色反应，从而显示出该免疫学反应的存在。酶的活性与底物以及与显色反应呈一定的比例关系。显色越深，说明酶降解底物量越大，与酶标抗体抗原相检测对应的抗原或抗体量也就越多。

三、电子显微镜技术

电子显微镜技术对细胞结构病理学的研究起着很大的作用，负染色技术有利于揭示病毒、细菌和支原体等超微结构，将病理学的研究提高到分子水平。电子显微镜技术对病变细胞超微结构的研究，有助于探明病因和致病机理。鉴于此，电子显微镜在动植物各种疾病病因的诊断研究中越来越重要。

四、分子生物学方法

分子生物学诊断技术在水产养殖疾病中的应用正迅速发展，经典的疾病诊断方法对病毒感染初期及尚无临床表现的个体难以判断，分子生物学诊断技术和基因探针有更高的诊断灵敏度。

1. PCR 检测　PCR 检测技术以其简便、快速、灵敏、特异等优点迅速渗透到分子生物学各个领域，成为当今病毒病诊断中最具有应用价值的方法。一些学者还对 PCR 技术做了不同的改进，发展了 RT-PCR、竞争性 PCR 等方法，使检测结果更快速、准确。

2. 核酸探针检测　常用的核酸探针检测有均相杂交和异相杂交（固相杂交）之分。固相杂交是核酸探针杂交的主要模式。常用的固相杂交类型有菌落原位杂交、斑点杂交、Southern 狭缝杂交、Northern 印迹杂交、Southern 印迹杂交、组织原位杂交和夹心杂交等，最常用的是斑点杂交和原位杂交。斑点杂交是根据杂交膜上点样斑点的有无或强弱，来判断样品是否带病毒；原位杂交不需从组织提取核酸，可保持组织与细胞形态的完整性，能直观定位带病毒的靶组织及靶组织中对病毒敏感的细胞类型，但原位杂交耗时长，操作繁琐，不适合大批样品的检测。

第三节　青蟹主要病害防治

一、病毒性疾病

1. 蟹血细胞病毒病　蟹血细胞病毒（CHV）为球形，内径 $50 \sim 80nm$。当病毒粒子通过芽体进入血细胞质膜内后，聚集在高尔基复合体。患病个体血淋巴细胞黏滞性增加，互相聚合或附在其他组织上，使循环的血细胞减少。严重感染的细胞坏死，扩散到内质网，出现粒状髓磷脂现象，病蟹血凝降低或消失。该病毒粒子大量存在于血淋巴组织，感染的组织或血淋巴的培养物均可传染该病，健康蟹注射培养液后 $5 \sim 10d$ 出现血液堵塞现象。该病普遍出现在青蟹中，但带毒的蟹并不完全具相同的病症。

【防治方法】目前尚无高效的防治药物，只有加强养殖管理，进行全面预防：

（1）彻底消塘消毒。

（2）放养健康的苗种，并适当控制养殖密度。

（3）使用无污染和不带病原的水源，要经常消毒。

（4）投喂优质饲料。

（5）使用有益菌剂，保持水质稳定。

（6）防止细菌、寄生虫等继发性疾病，可采用相应的药物防治。

2. 蟹血细胞棒状病毒病　血细胞棒状病毒（HCBV）有囊膜，大小为100nm×355nm，在核质内有序排列。病毒粒子的发育与核内多泡体有关。主要感染细胞核，被感染的细胞呈灰白色、核收缩，细胞质及胞质颗粒减少或缺乏，短期内溶解，病毒粒子释放到细胞外，成熟的颗粒细胞未见感染。可通过摄食进行传染，除蓝蟹外，青蟹的血细胞及淋巴组织也受相似的影响。

【防治方法】同蟹血细胞病毒病。

3. 青蟹棒状病毒病　青蟹棒状病毒（GCBV）粒子呈棒状，无包涵体，有囊膜。该病毒存在于自切后附肢再生部分的血细胞和结缔组织，被感染细胞的核肥大，核质内有少量病毒，染色质位于核外周。该病仅在青蟹的再生组织中发现。

【防治方法】同蟹血细胞病毒病。

4. 白斑综合征病毒病　白斑综合征病毒（WSSV）为双链 DNA 病毒，是套式病毒目（Nidovirales）、线头病毒科（*Nimaviridae*）、白斑病毒属（*Whispovirus*）的唯一成员。WSSV 呈杆状（图 6-2），大小为（80～120）nm×（250～380）nm。白斑综合征病毒是拟穴青蟹的常见病毒性病原，感染该病毒的青蟹（图 6-3）出现活力

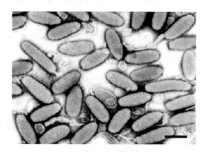

图 6-2　提纯 WSSV 病毒粒子电镜照片
（刘问，2010）

下降、摄食减少或断肢等症状。解剖可发现，感染蟹出现鳃丝肿胀、血淋巴呈黄色且不凝固等现象。丁朋晓（2007）在发病青蟹的鳃和肠道中监测到白斑综合征病毒阳性，且检出白斑综合征病毒与青蟹发病在时间上一致。刘问（2010）2006—2008 年对养殖青蟹进行调查发现，白斑综合征病毒在病蟹中的检出率为 34.82%。注射感染发现，白斑综合征病毒对青蟹的半致死浓度为 $1.10×10^6$ 拷贝/尾。周俊芳等（2012）发现，拟穴青蟹是白斑综合征病毒的自然宿主，自然携带率为 8.47%；白斑综合征病毒可通过口服途径感染拟穴青蟹，并在拟穴青蟹体内快速增殖，当病毒累积到一定量后即可致死。

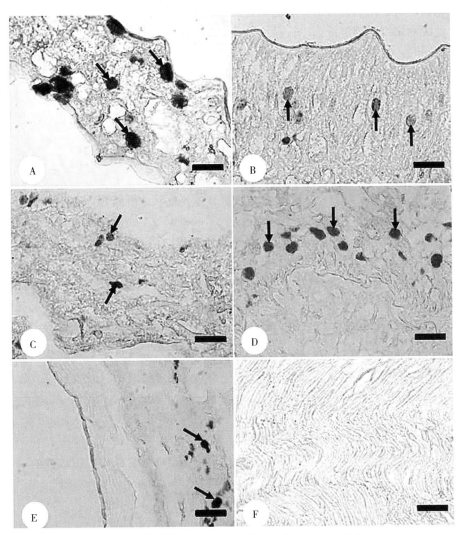

图 6-3　WSSV 感染青蟹的免疫组化分析（AEC 染色）

A. 鳃　B. 甲壳下表皮　C. 心　D. 肠　E. 胃　F. 肌肉

（箭头指示感染 WSSV 的细胞核，标尺＝20μm）

（刘问，2010）

【防治方法】

（1）提早投苗，提早收获，待疾病暴发季节将蟹基本收获完毕。

（2）养殖池塘种好水草，改善水质，保持水质稳定，注重水体增氧。

（3）提高水体总碱度、硬度，稳定水体的缓冲能力。

（4）4 月底至 5 月底，适时投喂抗病毒的中草药，如三黄散或酵母多糖，以提高青蟹的非特异性免疫力和抗病力，能大大降低发病率。

（5）对于发病青蟹的养殖池塘，可选择第一天全池泼洒二氧化氯，第二天全池泼洒聚维酮碘溶液或季铵盐络合碘，第三天全池泼洒大黄末；使用外用药物的同时，口服三黄散和水产复合多维 5～7d，并发细菌性疾病时口服 5% 恩诺沙星粉 3～5d。

5. 呼肠孤病毒 呼肠孤病毒普遍存在于水生动物中，在鱼、虾、蟹等水产养殖品种中均有报道。目前，已在海水蟹中发现了近 20 余种病毒，关于海水蟹类呼肠孤病毒的研究，最早始于地中海滨蟹（*Macropipus depurator*）。2007 年，我国学者翁少萍等从广东患"昏睡病"的青蟹中分离到呼肠孤病毒（Mud crab reovirus，MCRV），病毒粒子直径 70nm，二十面体，无囊膜（图6-4）；张叔勇等（2007）从广东发病青蟹（主要症状：肝胰腺严重糜烂）中也分离到呼肠孤病毒（scylla serrata reovirus，Ss RV），病毒粒子为球状，直径约 45nm。2008 年，我国学者陈吉刚等从浙江患"清水病"青蟹（主要症状：病蟹背甲、腹腔、步足内充满大量透明液体）的鳃上皮、心肌、胃和肠上皮细胞中观察到呼肠孤病毒样粒子（Ss REO），病毒粒子直径约 60nm，二十面体对称，无囊膜，在感染组织细胞质中呈晶格状排列。以上报道的 3 种呼肠孤病毒是否为同一种病毒，还有待于进一步研究。

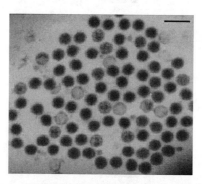

图 6-4　提纯的锯缘青蟹呼肠孤病毒（MCRV）

【防治方法】做好蟹苗的筛选，养殖前要认真进行场地的消毒，保持水质环境的稳定。经常对蟹池进行水质检测，施放微生物试剂与光合细菌，防止病毒、真菌或细菌病并发。必须以防为主，每天投喂 1 次强力病毒康与鱼虾壮元，发病时连续 7d 投喂强力病毒康（用法：可与投喂的饲料 20kg 加入适量的海藻粉混合均匀后加适量淡水搅拌，使药物与饲料充分混合均匀。每天用药 2次，连续投喂 7d 为 1 个疗程。预防的用量每天 1 次，药量减半。该药物为浅草绿色，放置在阴凉干燥处储存，用法可参照说明书）。

6. 双顺反子病毒 双顺反子病毒科是单正链 RNA 病毒。青蟹双顺反子病毒是于 2004 年从福建、广东等多个省份养殖区暴发"嗜睡病"的青蟹体内分离出来的新型病毒，于 2007 年获得全基因组序列。双顺反子病毒无囊膜、球状（直径 20～30nm），呈二十面体对称；由于该病毒具有双顺反子病毒科的典型特征，被命名为青蟹双顺反子病毒。2012 年国际病毒分类委员会将该病毒正式命名为青蟹病毒。

【防治方法】目前尚无高效的防治药物，只有加强养殖管理，进行全面预防。

7. 类微小 RNA 病毒　该病毒又称为柴湾病毒（*Chesapeake bay virus*，CBV）。病毒粒子无被膜，呈二十面体，直径约 30nm，中心髓部或明或暗，由棒状颗粒围绕。粒子存在于胞质内，福尔根 DNA 染色液染色后红紫色呈阴性。与微小核糖核酸相似，含核糖核酸（RNA）。该病毒粒子主要侵入蟹上皮组织、神经分泌细胞以及造血组织细胞。鳃上皮细胞受感染后，使气体交换和渗透控制困难，体液分泌过程破坏，蜕皮终止，严重者导致瞎眼。病毒可通过口服和接触感染，如病蟹被残食或工具消毒欠妥均导致本病发生，急性感染者半个月死亡，慢性者 2 个月死亡。该病毒常与其他病毒并发感染。

【防治方法】与呼肠孤病毒病同。

8. 鳃病毒　鳃病毒病原为类球状、无包膜的病毒粒子，其直径大小为55nm。病毒病原主要感染和破坏上皮细胞，在细胞质内发育，使细胞器受到破坏，细胞破裂，鳃组织溃烂。用实验室培养的病毒粒子或病蟹饲喂健康蟹，8d 后发生死亡。因此，养殖用过的工具均会受污染，该病最早发现在地中海蟹流行。

【防治方法】与呼肠孤病毒病同。

二、细菌性疾病

1. 弧菌病　细菌性弧菌引起的幼体发病。由河弧菌侵入青蟹血淋巴而引起的一种全身性感染的疾病，在锯缘青蟹的溞状幼体、大眼幼体、幼蟹至成蟹中均有发生。病蟹多在池水的中、下层慢慢游动，食欲显著下降，摄食量减少或不摄食，体色变白，病蟹全身色泽模糊无光泽感，肢关节膜呈粉红色，肌肉稀软呈淡黄色，严重时腹部也呈淡黄色。大多是由于养殖环境不佳、水质恶化、投喂不清洁的饲料、弧菌侵入而引起的疾病。一般在高倍镜下可观察到幼体感染此病，在血腔中有大量的活动细菌。

【防治方法】

（1）定期使用消毒剂，对水体和工具进行消毒。

（2）保持良好的水质环境，定期泼洒光合细菌等微生物制剂。

（3）发病期间用（2～4）mg/L 的土霉素全池泼洒，或每 667m^2 泼洒250g 的高稳西。

（4）要放养体壮无病的苗种，进行合理放苗，不要超密度养殖。

2. 丝状细菌病　青蟹育苗期间溞状幼体、大眼幼体均有发现。该病是由丝状细菌引起的，其中，最常见的是毛霉亮发菌，并常与硫丝菌、颤藻、胶须藻、滑行贝氏硫菌、透明藻同时出现。毛霉亮发菌菌体头发状，不分支，有分隔，革兰阴性，最适生长温度为 25℃ 左右，此菌同原生动物、单胞藻类、有机碎屑或其他污染物附着在蟹及其卵上，阻碍蟹机体的呼吸、代谢及行为，影响机体的生长发育，甚至危害生存，但并不侵入内部组织，属外寄生菌。该病原的分布几乎是世界性的，在广东、广西沿海至北方辽宁地区的咸水、半咸水以及淡水均有存在，可感染对虾、青蟹、卤虫以及罗氏沼虾及甲壳动物的幼体等的卵及成体的鳃、甲壳、附肢。当养殖密度过大、环境不良时，严重感染的个体会死亡。丝状细菌病的发生没有明显的季节性，但主要发生在 8—9 月高温季节。可做水浸片，用显微镜观察进行诊断。

【防治方法】

（1）用 0.5mg/L 的漂粉精进行全池泼洒。

（2）用 12～15mg/L 的茶籽饼全池泼洒，促使蟹蜕皮后大换水。

（3）用 3～5mg/L 的高锰酸钾药浴 4h，或以 0.5～0.7mg/L 全池泼洒，6h 后大换水。

（4）以氯化铜 1mg/L 的水体浓度全池泼洒。

3. 甲壳溃疡病　又称为褐斑病、黑斑病、甲壳病，是甲壳动物普遍存在的一种疾病。病蟹早期出现的症状是甲壳上出现小褐点、甲壳销蚀，继而凹陷成小窟窿。随着病情发展，可使损伤处加深加大，损伤边缘呈灰白色。细菌生长十分活跃，甲壳患部因黑色素沉淀而变黑；严重感染者损伤穿透甲壳进入软组织，病灶部分粘连，影响蜕壳和生长。有些患病甲壳动物附肢断失，若是感染上毒力强的病原菌，病原菌侵入血淋巴或组织，使病状加剧以致死亡。抗病力强的个体或经治疗由炎症反应形成疤痕，随蜕壳黑斑消失。甲壳溃疡病是一种综合性疾病，具有流行区域极大的特点。

【防治方法】

（1）以漂白粉 1～2mg/L、漂粉精或三氯异氰尿酸钠 0.3～0.5mg/L，全池泼洒。

（2）每千克饲料用氟哌酸 0.5g 或土霉素 2g 拌饵投喂，连用 5d；或全池泼洒土霉素浓度成 2.5～3mg/L，每天 1 次，连泼 5～7d。

（3）按饲料重量的 1‰～2‰ 拌入捣烂的大蒜投喂，连用 3～5d。

4. 黄斑病　青蟹黄斑病大多发生在溞状以后的幼蟹或成体阶段，是当前养殖中较常见的病害。发病病程长，蔓延性强，传染快，死亡率高，仅次于蜕壳不遂病。引起此病除了多种病原菌外，还与养殖环境的变化密切相关。如持续高温（在夏、秋季节水温在 32℃ 以上），或池水不新鲜、盐度降至 5 以下，或投喂变质饵料等都是发病的因素。发生此病的直接原因是，青蟹在收捕、运输、养殖过程中甲壳上表皮受伤、分解几丁质的细菌侵入所致，其发病频率及感染率是随着水温升高而增加，一般发病多在夏季水温高或多雨季节。发病初期，在青蟹的螯足基部和背甲上出现黄色斑点，随后在腹甲上出现铁锈色斑点，或在螯足基部分泌出一种黄色黏液，螯足的活动机能减退或脱落，最终青蟹因失去活动和摄食能力而死亡。腹甲上斑点中心部稍凹下，呈微红褐色，到晚期波病斑点扩大，互相连接成为形状不规则的大斑，中心处有较深的溃病，边缘变黑色。剖开甲壳检查，可见在其鳃部似辣椒大小的浅褐色异物。

【防治方法】

（1）要保持水质清新，尽量保持池塘盐度稳定。在高温季节引进新鲜的海水，提高水位，保持水深在 1.2m 以上。定期用漂白粉 2mg/L 或生石灰 25mg/L 消毒，最好做到每月全池泼洒茶麸浸出液，刺激青蟹蜕壳，减少疾病的发生。

（2）投喂鲜活的饵料，如蓝蛤等，以减少病害发生。最好每周在饵料中添加高稳西拌料投喂 2～3 次，或拌虾蟹宝或鱼虾壮元 1 号，以提高抗病力。

（3）在蟹苗的捕捞、运输、养殖生产过程中管理操作要细心，严防蟹体受伤害。此外，在养成时放苗的密度要合理，不宜过大。

（4）应及时捞出病蟹，以防相互传染。

5. 真菌性病　该病的病原体由霉菌中的链壶菌属、离壶菌属和海壶菌属等感染而引起。其中，最常见的是链壶菌，从甲壳动物的卵细胞质和幼体软薄的柔软体节处入侵，并向机体扩展，快速长出菌丝，不断消耗组织内营养，使机体充满菌丝，在卵、溞状幼体及大眼幼体时最易受感染。当霉菌的游动孢子附着在卵或幼体上休眠一段时间后，就会发芽长出菌丝，布满全身。菌丝成熟后，长出细长的放出管，从薄弱部分伸出放出管，形成动孢子囊，最终使寄主机体组织耗竭殆尽，成为空壳而解体。该病可通过亲蟹、其他中间宿主或海水传播，被感染的幼体趋光性差，活动能力明显减弱，散游于水的中下层，严重者沉于水底，并死亡。严重感染的卵体积较小，不透明，在橘黄色的卵块上被感染的卵呈褐色，而在褐色或黑色的卵块上被感染的卵呈淡灰色，卵被感染后不能孵化。

【防治方法】

（1）育苗池、工具等要用漂白粉彻底消毒。

（2）严格处理育苗用水，及时处理已死亡的幼体和卵。

（3）用 0.1～0.5mg/L 的亚甲基蓝全池泼洒，连续用 1～3 次。

（4）养成池每亩用 15kg 苦楝树叶煮水泼洒，用药后 5～6h 必须大换水。

三、寄生虫病

1. 纤毛虫病　纤毛虫病是由纤毛纲动物在虾、蟹等甲壳动物体内外共生、共栖或寄生而引起的，可直接或间接地导致甲壳动物死亡。这类生物种类众多，包括四膜虫、聚缩虫、单缩虫、钟形虫、累枝虫、瓶体虫、鞘居虫等，均可使甲壳动物受到一定的压力或致病，或为细菌等病原的继发性感染提供条件。当寄生虫量少时，一般不会产生明显的症状，可随甲壳动物的蜕皮而除去；但当大量附着时，有的能刺激血细胞，使鳃变黑，导致组织变性、坏死，甚至使鳃丝脱落，有的覆盖在鳃组织的表面而影响其呼吸和分泌，降低宿主对其他病原体或不良环境的抵抗力。患病的幼体个体游动缓慢，摄食力降低，生长发育停止，不能蜕皮，特别是聚缩虫和钟形虫，严重的可引起宿主大批死亡。纤毛虫的分布是世界性的，在我国沿海各省（自治区）的虾、蟹育苗场和养殖场经常发生，是一个常见的病害。

【防治方法】保持水质清新，是最有效的预防方法。

（1）每立方米水体用福尔马林 10～20mL、高锰酸钾 2～4g 或新洁尔灭 0.5～1mL，全池泼洒。

（2）全池泼洒茶籽饼，使池水浓度成 10～15mg/L，或皂角苷 1mg/L，同时投喂优质饲料，蜕皮后大换水。

（3）全池泼洒制霉菌素，使池水浓度成 30mg/L，经 2～3h 药浴后换水。

2. 蟹奴病　蟹奴的介形幼虫穿入蟹的腹腔后，在细胞群中发育并迅速长出足丝小根，外囊出现在寄主的保护层下，使寄主神经、肌肉及生殖系统发育迟缓，蜕壳停留在 C4 阶段，外部形态改变。由于足丝的生长，寄主性腺萎缩，激素分泌受影响，蜕壳终止，生长和繁殖受到严重影响。受蟹奴感染的青蟹，初期症状不明显。当大量的蟹奴寄生时，病蟹腹部臃肿，脐盖突起，不能与头胸部紧贴，若打开脐盖，可以看到乳白色或半透明颗粒状虫体；病蟹无法正常爬行，游泳缓慢，反应迟钝，摄食量减少，该病不会引起青蟹大量死亡，但会造成生长缓慢、性腺发育严重受阻而失去生殖能力；严重感染的青蟹，其肉质味难吃，失去食用价值。蟹寄生了蟹奴后体色改变，幼蟹变为褐红色，当蟹奴发育完全后则变为绿色；而没有蟹奴寄生的为橙色，可从色泽判断是否有蟹奴寄生。

【防治方法】

（1）选择蟹苗时应及时把蟹奴剔除，放弃前用生石灰或漂白粉彻底清塘。

（2）发病时以硫酸铜和硫酸亚铁（5∶2）0.7mg/L 全池泼洒。

3. 藤壶病　该病是由于青蟹的鳃部附着鹅颈藤壶而引起的，青蟹个体越大，附着越多，严重影响其正常呼吸，甚至使青蟹因窒息而死亡。

目前尚无直接的防治方法。主要加强水质管理，进苗时把带有寄生虫的病蟹剔除。在养殖过程中要经常观察检查，把病蟹捕捞除掉。

4. 微孢子虫感染症　该病主要由微孢子虫感染而引起的病症。主要症状是，未解剖之前，可从病蟹附肢关节或蟹脚的外壳上看到呈粉红色的病变，在灯光下可观察到肌肉呈白浊样病灶。解剖后可以很清楚地看到，肌肉以感染程度的不同而呈广泛性苍白、混浊，呈柔软或糊状。体内血淋巴液由黏性与蓝青色的正常外观，转变为混浊而凝固时间延长的变性血淋巴。病蟹不能正常洄游，在环境不良时容易死亡。取变白不透明的肌肉做水浸片或涂片后，用吉姆萨染色，在显微镜下看到孢子即可确诊。

【防治方法】要尽量减少养殖过程中各种紧迫因子的发生，是预防此病发生的最有效方法之一。发现病蟹后要及时清除烧毁，以免感染健康蟹。同时，要将养蟹的池塘等设施用漂白粉彻底消毒，捞出的病蟹一定要烧毁或深埋在远离水源或养蟹的地方，以防止病蟹肌肉中的孢子散出后进入养蟹水体而引起流行病。

5. 拟阿脑虫病　此病病原为蟹栖拟阿脑虫。虫体呈葵花籽形，前端尖、后端钝圆，虫体大小平均为 $46.9\mu m \times 14.0\mu m$，最宽处在身体后端的 1/3 处。虫体大小与营养有密切关系。繁殖方法为二分裂和接合生殖。拟阿脑虫对环境的适应力很强，但不耐高温，生活的水温范围为 0～25℃，生长繁殖的最适水温为 10℃ 左右，生长繁殖的盐度为 6～50，pH 为 5～11。主要病症是，拟阿脑虫最初是从伤口侵入蟹体内的，到达血淋巴后，迅速大量繁殖，并随着血淋巴的循环到达身体各个器官组织。在疾病的晚期，血淋巴中充满了大量虫体，使血淋巴呈混浊的淡白色，失去凝固性，血细胞几乎被虫体吞噬。虫体进入到鳃或其他器官组织后，虫体会在其中不停地钻动，使鳃及其他组织受到严重的机械损伤，最终会造成青蟹呼吸困难，甚至死亡。诊断方法是对感染初期的青蟹，主要从伤口刮取溃烂的组织在显微镜下找到虫体来确诊。在感染的中后期，虫体已钻入了血淋巴，并大量繁殖，布满了全身各个器官组织内。在显微镜下观察，可以看到大量拟阿脑虫在血淋巴及其他组织中游动。

【防治方法】

（1）可用淡水或甲醛溶液 300mL/L 浸泡蟹 3～5min。

（2）严防青蟹受伤；应投喂鲜饵，并要经常消毒处理。

（3）用水应严格过滤，发现有病蟹要立即捞出，防止虫体从死蟹内逸出，扩大污染和传染。

（4）虫体仅存在于蟹的伤口浅处时，可用淡水浸泡 3～5min，池水可用甲醛 25mL/L 全池泼洒，12h 后要换新鲜水。

6. 鳃虫　由鳃虫寄生于宿主体上，引起宿主生病。主要症状是，鳃虫为等足类动物，通常寄生在蟹类的鳃腔内。雌雄体型差异较大，雌性个体较大、不对称，常怀有大量的卵，使卵袋膨大；雄性个体细小、对称，常黏附在雌体腹面的卵袋中。鳃虫一旦吸附于宿主体上就不甚活动；寄生在蟹的鳃腔，可使蟹的头胸甲明显膨大隆起，像生了肿瘤一样。该病造成主要危害的特点为：

（1）能不断消耗寄主的营养，使青蟹生长缓慢、消瘦。

（2）压迫和损坏鳃组织，影响呼吸。

（3）影响性腺发育，甚至完全萎缩，失去繁殖能力。

【防治方法】本病主要发生在蟹种时期，发病率不高。目前唯一的办法是在放养蟹种时要剔除病蟹，无其他药物可防治。

四、其他病害

1. 蜕壳不遂症　青蟹在养殖过程中蜕不下壳，是整个青蟹养成期中危害最严重的病害之一，在养殖后期严重影响养殖的成活率。该病发生的原因至今尚未完全弄清楚，但研究表明，该病主要是因环境突变、病菌感染所引起的。但主要从以下几个因素引起该病，如缺氧、惊扰、强刺激等；缺乏钙质、甲壳素、蜕壳素等青蟹蜕壳所必需的物质；另外，体弱或离水时间太长、水温不适、池水盐度过高、换水量少，导致久不蜕壳、蜕不了壳，而且水体中存在大量弧菌等。该病主要发生在秋季生长旺盛期，因秋季水温在22~25℃时是弧菌等病原菌最适的繁殖条件，而水温下降又会降低青蟹的活力及抗病力，病原菌感染是造成该病的主要原因。此外，秋季水温在25~28℃时正是青蟹集中生殖蜕壳期，一般壳硬化时间较长（2~3d），极易染上病菌。此时，若环境突变，水质、底质不良，也易使雌雄体交配受阻而造成大量死亡。该病主要症状是，头胸甲后缘与腹部的交界处虽已出现裂口，但不能蜕去旧壳，而导致蟹的死亡。

【防治方法】

（1）保持水质清新是最为重要的措施，经常要进新鲜的海水，保证有足够的溶解氧，严防外面污染的水源入池。

（2）常用生石灰或漂白粉进行水体消毒，促使蟹与蟹之间蜕壳期相互错开。

（3）在蜕壳之前要增加含钙质多的食物及蜕壳素等，提供蜕壳所必需的营养物质。

（4）蜕壳期间要保持环境安静，此时严禁加换水。

2. 水肿病　该病主要是水质突变而造成的，特别是暴雨过后，池塘盐度突变太低，引起青蟹生理失调，体内渗透调节不平衡，无法适应低盐度的环境而引起。该病主要病症为步足基节和腹部呈水肿状，往往发生在每年的5—7

月，发病率较高。此时正是雨季，雨水过多而使池塘盐度太低所致。

【防治方法】

（1）池塘的盐度应保持在 10～30，盐度日变化不超过 5。

（2）发现青蟹有水肿病症时，应把该蟹分开隔离饲养，以免传染健康蟹。

（3）暴雨过后立即排上层水，再引进新鲜的海水；调节池塘盐度处于相对稳定状态，以保持水质稳定。

3. 白芒病　该病也是因养殖环境变化而引起的，发病期多在高温和雨水多的季节。与水肿病引起的原因大致相同，就是因海水盐度急剧降低，导致青蟹生理机能失调所致。该病症状是，步足基节的肌肉呈乳白色（正常青蟹肌肉呈蔚蓝色），在螯足基部和背甲上出现白色斑点，或从步足流出白色黏液，发病后 4～5d 死亡。

【防治方法】

（1）加大换水量，及时排出低盐度水并更换新鲜海水，改善池塘水质，保持盐度在适宜范围之内。

（2）发病时可在饵料中添加土霉素，每千克饵料加 0.5～1g 拌料或制成药饵，并加 1～2g 维生素 C，连喂 1 周，能缓解部分症状。

4. 黑斑病　该病病因目前尚未弄清楚。研究发现，发病池塘常表现一些不利青蟹生长的因素，如盐度太低、水色混浊、溶解氧低等。由于青蟹长时间生长于不良环境，致使青蟹体弱。青蟹黑斑病多发生在 6—10 月，发病高峰在 6—7 月。该病的主要症状是，病蟹背甲底部和蟹足基部出现褐色的锈点，后期发展成斑块状；从头年放养的冬蟹至当年放养的蟹苗都可受害，病蟹不能正常蜕壳生长，常造成大批死亡。从海湾中捕到的野生青蟹中，也发现了患病个体。

【防治方法】至今，青蟹黑斑病尚无良好的治疗药物。主要的防治办法是，在养殖池塘中采取适当的措施（如雨季可加海盐精或海水素的方法）以提高盐度，平常多投喂新鲜适口营养高的活饵料，以增强青蟹的体质和抗病力，可以减少该病的发生，减少经济损失。

5. 黄芒病　主要是赤潮生物引起的。患病青蟹的步足基部肌肉呈粉黄色。

【防治方法】防止赤潮海水进入蟹池以及池水被污染。病情较轻时，可用含有土霉素的药物饵料投喂，每千克饵料加 0.5g 土霉素投喂；并要处理好水质。

6. 红芒病　主要因养殖水体盐度突然升高、渗透压等生理机能不能适应而引起的。主要症状是，病蟹步足基节的肌肉呈红色，而且步足流出红色黏液。此病多出现于卵巢发育较成熟的雌蟹（花蟹和膏蟹），实际上是卵巢组织腐烂，未死先臭。

【防治方法】控制池水盐度在适宜范围，并注意盐度的相对稳定。一旦发现病蟹，应立即分开饲养。如能及时采取加淡水等方法，及时调节池水的盐度，可使病情得到一定程度地缓解。

7. 海鞘 海鞘为尾索动物，外形似一把茶壶，壶口处为入水管孔、壶嘴处为出水管孔，壶底便是身体的基部，附生在其他物体上，行固着生活，身体表面有一层粗糙坚实的被囊，使身体得到保护并保持一定的形状。在入水管孔的下方，有一片筛状的缘膜，其作用是滤去粗大食物，只允许水流和微小食物进入咽部，咽部内壁有纤毛；背壁（出水管位于背方）和腹壁又各有一沟状构造，分别称为背板和内柱，能分泌黏液黏着食物。食物被黏成小粒后即随纤毛推动的水流进入肠中，消化后的食物残渣经出水管孔排到体外。海鞘牢牢固着附着在青蟹腹部的基部，影响青蟹的生长、发育。

【防治方法】在选择蟹的种苗时，应把海鞘除掉，适当降低盐度并勤换水，保持水质清洁。

8. 茗荷儿附着病 由茗荷儿附着在青蟹体上而引起的疾病。茗荷儿常附着在青蟹的鳃部或口肢上。如果池水盐度较高、久未蜕壳的蟹，其往往附着很多茗荷儿，影响青蟹的正常呼吸，严重者会因窒息死亡。

【防治方法】降低池水盐度，或加大换水量；投足饵料，促使蜕壳。因为青蟹蜕壳时，会将茗荷儿一起蜕掉。少量青蟹被茗荷儿寄附着，也可将其放在10%的福尔马林溶液中浸浴杀灭。

9. 敌害生物 主要在养殖池中出现了乌塘鳢，为近海暖水性小型鱼类，大多栖息于近内海滩涂的洞穴中，也栖息于河口淡水内，常摄食小虾、小蟹和虾蟹类。在捕食蟹类时，有意让蟹咬住尾鳍，突然抛尾，将蟹壳打破，然后食之。乌塘鳢主食蟹类，所以是青蟹养殖最主要的敌害生物，危害很大。

【防治方法】

（1）每立方米水体用鱼藤根4～5g（干重）或茶籽饼15～20g，严格清池，尤其是蟹池死角、洞孔内也应施药杀死鱼类。

（2）注入池中的海水要用筛网过滤，以防止乌塘鳢等敌害生物侵入蟹池；蟹池中发现敌害鱼类时，也可用茶籽饼毒池，浓度为15～30mg/L。施药后3h左右进海水，冲淡茶籽饼浓度即可。

第四节 青蟹养殖病害的综合防治

青蟹养殖从种苗繁殖到养成是一项综合的系列工程，所以应立足于健康养殖，也是当前唯一的无公害养殖。对于病害必须采取综合防治，这里向读者介绍有关综合防治的措施，供养殖者参考，以期减轻病害对养蟹业的危害，使青蟹养殖沿着健康的途径持续发展。

一、挑选健康苗种

优质健康的苗种是青蟹健康养殖的首要问题，只有健康的青蟹苗种才是健康养殖的基础。优质健康苗种的挑选标准：

（1）健康的蟹苗其甲壳应呈青绿色，色泽光滑，附肢齐全，躯体完整无损害，生命力强，不易捕捉。步足缺少不得超过 3 个，游泳足和螯足更不能缺少或损伤，否则会影响青蟹的活动和觅食。

（2）质量差的苗种甲壳呈深绿色或蓝绿色，腹部和步足为棕红色或铁锈色。显然选苗非常关键。

二、加强日常管理

1. 做好消毒除害工作　彻底清塘消毒除害，是养蟹成功的"秘诀"之一。清池消毒可分两个内容：一是清除污泥、杂草，加入生石灰改良底质，堵漏防渗，防止病原体、病菌和病毒"串联"传播，为健康养殖营造一个良好的栖息环境；二是应用消毒药物杀灭池内敌害生物，消毒药物要符合无公害食品安全的水产品用药标准。

2. 加强养殖期间的水质管理工作　良好的水质是防病的主要措施，水质管理时，检测、调节、控制稳定的养殖水体水质，可以说是防病措施中的重中之重。研究调控水质生物生态平衡的技术，保护养殖环境的稳定性，以满足青蟹正常健康的生理生态要求。水质管理工作主要是适时调节池水的水温、相对密度和换水（用水要经过蓄水池沉淀或过滤消毒），可严防病原体从水中进入。采取半封闭的循环水质管理措施，多品种蟹、虾、鱼、藻生态混养，并根据青蟹不同生长发育期对水质的要求，采取相应的措施，以光合细菌和有益微生物制剂稳定水环境，减少污染，提高水体自净能力，效果良好。

3. 投喂优良饲料，以增强青蟹体质和自身的免疫抗病力　优质的饲料是保证青蟹养殖高产、高效的物质基础之一，饲料中的营养不仅是增强机体免疫功能、维持动物健康和正常代谢的物质基础，也是免疫反应成功进行和患病动物恢复健康的必需条件。若青蟹饲料缺乏营养的平衡，会导致营养胁迫，使青蟹生长缓慢甚至死亡，或产生营养不良或缺乏，增加机体疾病的易感性，故应加强对青蟹的营养生理和需求的研究。科研单位和高校有关专家应研制开发出青蟹饲料系列无公害优质高效的配合饲料，以满足青蟹生长不同时期的生理活动对物质与能量的需求，促进其生长发育，增强疾病的抵抗能力。此外，生产实践表明，在饲料中添加适当的寡糖、免疫多糖、维生素 C、维生素 E 以及其他生物活性物质，可以增强育蟹的免疫抗病力；也可在饵料中添加虾蟹宝等保健药品拌料给青蟹喂食，可以提高青蟹的抗病力。

4. 掌握青蟹暴发流行性病害的时间和周期 青蟹疾病暴发主要是在高温季节和梅雨季节，此时养殖水体水质易变化，导致青蟹自身抗病力下降，难以对付恶劣的环境变化，易发生疾病。最好要有蓄水池以应付急需，可见养蟹也就是养水是实实在在的，所以做好养水的准备非常重要。

附　　录

附录 1　无公害食品　海水养殖用水水质
（NY 5052—2001）

1　范围

本标准规定了海水养殖用水水质要求、测定方法、检验规则和结果判定。
本标准适用于海水养殖用水。

2　规范性引用文件

下列文件中的条款通过本标准的引用而成为本标准的条款。凡是注日期的引用文件，其随后所有的修改单（不包括勘误的内容）或修订版均不适用于本标准，然而，鼓励根据本标准达成协议的各方研究是否可使用这些文件的最新版本。凡是不注日期的引用文件，其最新版本适用于本标准。

GB/T 7467　水质　六价铬的测定　二苯碳酰二脐分光光度法

GB/T 12763.2　海洋调查规范　海洋水文观测

GB/T 12763.4　海洋调查规范　海水化学要素观测

GB/T 13192　水质　有机磷农药的测定　气相色谱法

GB 17378（所有部分）　海洋监测规范

3　要求

海水养殖水质应符合表 1 要求。

表 1　海水养殖水质要求

序号	项　　目	标　准　值
1	色、臭、味	海水养殖水体不得有异色、异臭、异味
2	大肠菌群，个/L	≤5 000，供人生食的贝类养殖水质≤500
3	粪大肠菌群，个/L	≤2 000，供人生食的贝类养殖水质≤140
4	汞，mg/L	≤0.000 2
5	镉，mg/L	≤0.005

（续）

序号	项　目	标　准　值
6	铅，mg/L	≤0.05
7	六价铬，mg/L	≤0.01
8	总铬，mg/L	≤0.1
9	砷，mg/L	≤0.03
10	铜，mg/L	≤0.01
11	锌，mg/L	≤0.1
12	硒，mg/L	≤0.02
13	氰化物，mg/L	≤0.005
14	挥发性酚，mg/L	≤0.005
15	石油类，mg/L	≤0.05
16	六六六，mg/L	≤0.001
17	滴滴涕，mg/L	≤0.000 05
18	马拉硫磷，mg/L	≤0.000 5
19	甲基对硫磷，mg/L	≤0.000 5
20	乐果，mg/L	≤0.1
21	多氯联苯，mg/L	≤0.000 02

4　测定方法

海水养殖用水水质按表 2 提供方法进行分析测定。

表 2　海水养殖水质项目测定方法

序号	项目	分析方法	检出限，mg/L	依据标准
1	色、臭、味	（1）比色法 （2）感官法	— —	GB/T 12763.2 GB 17378
2	大肠菌群	（1）发酵法　　（2）滤膜法	—	GB 17378
3	粪大肠菌群	（1）发酵法　　（2）滤膜法	—	GB 17378
4	汞	（1）冷原子吸收分光光度法 （2）金捕集冷原子吸收分光光度法 （3）双硫棕分光光度法	$1.0×10^{-6}$ $2.7×10^{-3}$ $4.0×10^{-4}$	GB 17378 GB 17378 GB 17378
5	镉	（1）双硫棕分光光度法 （2）火焰原子吸收分光光度法 （3）阳极溶出伏安法 （4）无火焰原子吸收分光光度法	$3.6×10^{-3}$ $9.0×10^{-5}$ $9.0×10^{-5}$ $1.0×10^{-5}$	GB 17378 GB 17378 GB 17378 GB 17378

（续）

序号	项目	分析方法	检出限，mg/L	依据标准
6	铅	（1）双硫棕分光光度法 （2）阳极溶出伏安法 （3）无火焰原子吸收分光光度法 （4）火焰原子吸收分光光度法	1.4×10^{-3} 3.0×10^{-4} 3.0×10^{-5} 1.8×10^{-5}	GB 17378 GB 17378 GB 17378 GB 17378
7	六价铬	二苯碳酰二肼分光光度法	4.0×10^{-3}	GB/T 7467
8	总铬	（1）二苯碳酰二肼分光光度法 （2）无火焰原子吸收分光光度法	3.0×10^{-4} 4.0×10^{-4}	GB 17378 GB 17378
9	砷	（1）砷化氢－硝酸银银分光光度法 （2）氢化物发生原子吸收分光光度法 （3）催化极谱法	4.0×10^{-4} 6.0×10^{-5} 1.1×10^{-3}	GB 17378 GB 17378 GB 7485
10	铜	（1）二乙氨基二硫代甲酸钠分光光度法 （2）无火焰原子吸收分光光度法 （3）阳极溶出伏安法 （4）火焰原子吸收分光光度法	8.0×10^{-5} 2.0×10^{-4} 6.0×10^{-4} 1.1×10^{-3}	GB 17378 GB 17378 GB 17378 GB 17378
11	锌	（1）双硫棕分光光度法 （2）阳极溶出伏安法 （3）火焰原子吸收分光光度法	1.9×10^{-3} 1.2×10^{-3} 3.1×10^{-3}	GB 17378 GB 17378 GB 17378
12	硒	（1）荧光分光光度法 （2）二氨基联苯胺分光光度法 （3）催化极谱法	2.0×10^{-4} 4.0×10^{-4} 1.0×10^{-4}	GB 17378 GB 17378 GB 17378
13	氰化物	（1）异烟酸－吡唑啉酮分光光度法 （2）吡啶－巴比士酸分光光度法	5.0×10^{-4} 3.0×10^{-4}	GB 17378 GB 17378
14	挥发性酚	蒸馏后4-氨羞安替比林分光光度法	1.1×10^{-3}	GB 17378
15	石油类	（1）环己烷萃取荧光分光光度法 （2）紫外分光光度法 （3）重量法	6.5×10^{-3} 3.5×10^{-3} 0.2	GB 17378 GB 17378 GB 17378
16	六六六	气相色谱法	1.0×10^{-6}	GB 17378
17	滴滴涕	气相色谱法	3.8×10^{-6}	GB 17378
18	马拉硫磷	气相色谱法	6.4×10^{-4}	GB/T 13192
19	甲基对硫磷	气相色谱法	4.2×10^{-4}	GB/T 13192
20	乐果	气相色谱法	5.7×10^{-4}	GB/T 13192
21	多氯联苯	气相色谱法		GB 17378

注：部分有多种测定方法的指标．在测定结果出现争议时，以方法（1）测定为仲裁结果

5　检验规则

海水养殖用水水质监测样品的采集、贮存、运输和预处理按 GB/T

12763.4 和 GB 17378.3 的规定执行。

6 结果判定

本标准采用单项判定法，所列指标单项超标，判定为不合格。

附录2 农产品安全质量 无公害
水产品产地环境要求
(GB/T 18407.4—2001)

1 范围

GB/T 18407 的本部分规定了无公害水产品的产地环境、水质要求和检验方法。本部分适用于无公害水产品的产地环境的评价。

2 规范性引用文件

下列文件中的条款通过 GB/T 18407 的本部分的引用而成为本部分的条款。凡是注日期的引用文件，其随后所有的修改单（不包括勘误的内容）或修订版均不适用于本部分，然而，鼓励根据本部分达成协议的各方研究是否可使用这些文件的最新版本。凡是不注日期的引用文件，其最新版本适用于本部分。

GB/T 8170 数值修约规则

GB 11607—1989 渔业水质标准

GB/T 1455 土壤质量 六六六和滴滴涕的测定 气相色谱法

GB/T 17134 土壤质量 总砷的测定 二乙基二硫代氨基甲酸银分光光度法

GB/T 17136 土壤质量 总汞的测定 冷原子吸收分光光度法

GB/T 17137 土壤质鱼 总铬的测定 火焰原子吸收分光光度法

GB/T 17138 土壤质量 铜、锌的测定 火焰原子吸收分光光度法

GB/T 17141 土壤质量 铅、锡的测定 石墨炉原子吸收分光光度法

3 要求

3.1 产地要求

3.1.1 养殖地应是生态环境良好，无或不直接受工业"三废"及农业、城镇生活、医疗废弃物污染的水（地）域。

3.1.2 养殖地区域内及上风向、灌溉水源上游，没有对产地环境构成威胁的（包括工业"三废"、农业废弃物、医疗机构污水及废弃物、城市垃圾和生活污水等）污染源。

3.2 水质要求

水质质量应符合 GB 11607 的规定。

3.3 底质要求

3.3.1 底质无工业废弃物和生活垃圾，无大型植物碎屑和动物尸体。

3.3.2 底质无异色、异臭，自然结构。

3.3.3 底质有害有毒物质最高限量应符合表 1 的规定。

表 1

项　　目		指标，mg/kg（湿重）
总汞	≤	0.2
镉	≤	0.5
铜	≤	30
锌	≤	150
铅	≤	50
铬	≤	50
砷	≤	20
滴滴涕	≤	0.02
六六六	≤	0.5

4 检验方法

4.1 水质检验

按 GB 11607 规定的检验方法进行。

4.2 底质检验

4.2.1 总汞按 GB/T 17136 的规定进行。

4.2.2 铜、锌按 GB/T 17138 的规定进行。

4.2.3 铅、锡按 GB/T 17141 的规定进行。

4.2.4 铬按 GB/T 17137 的规定进行。

4.2.5 砷按 GB/T 17134 的规定进行。

4.2.6 六六六、滴滴涕按 GB/T 14550 的规定进行。

5 评价原则

5.1 无公害水产品的生产环境质量必须符合 GB/T 18407 的本部分的规定。

5.2 取样方法依据不同产地条件，确定按相应的国家标准和行业标准执行。

5.3 检验结果的数值修约按 GB/T 8170 执行。

附录 3　三门青蟹养殖技术规范

(DB 33/T 832—2015)

1　范围

本标准规定了三门青蟹养殖生产的术语和定义、产地环境、放养、饲养管理、日常管理、越冬管理、病害防治、收获与运输的技术要求。

本标准适用于三门青蟹池塘养殖、浅海笼养，其他养殖方式可参照执行。

2　规范性引用文件

下列文件对于本文件的应用是必不可少的。凡是注日期的引用文件，仅所注日期的版本适用于本文件。凡是不注日期的引用文件，其最新版本（包括所有的修改单）适用于本文件。

GB 13078　饲料卫生标准

GB/T 18407.4　农产品安全质量无公害水产品产地环境要求

NY 5052　无公害食品海水养殖用水水质

NY 5071　无公害食品渔用药物使用准测

NY 5072　无公害食品渔用配合饲料安全限量

SC/T 9103　海水养殖水排放要求

3　术语和定义

下列术语和定义适用于本标准。

3.1　三门青蟹

在三门县所辖行政区域野生的或人工养殖的青蟹。其外部形态特征参见附录 A。

3.2　白苗

多数稚蟹 I 期和少量稚蟹 II 期组成的蟹苗。

4　产地环境

4.1　区域

三门县所辖行政区域：东经 121°31′53″、北纬 28°53′32″，东经 121°36′51″、北纬 28°52′44″，东经 121°38′19″、北纬 28°57′07″，东经 121°39′36″、北纬 28°57′07″。

4.2 场址

海水交换良好、风浪平静、无污染源的内湾中高潮区或高潮区，底质为泥沙底沿海、河口地区、港湾海区，环境水质符合 NY 5052 规定，其他环境要求应符合 GB/T 18407.4 的要求，盐度适宜范围为 8～26。

4.3 养殖设施

4.3.1 池塘养殖

4.3.1.1 池塘要求

专养塘面积 $0.2hm^2$～$0.3hm^2$，混养塘面积 $0.7hm^2$～$2.0hm^2$，水深在 1m～1.5m。设置进水、排水闸门与拦网设施。挖中央沟和环沟，沟深0.5m～1.0m、宽 2m～6m，沟滩面积比 1：3，沟渠与闸门相通。进水闸处安装过滤网、排水闸处安装防逃网。

4.3.1.2 隐蔽物

池塘专养池内用水泥涵管、砖瓦片等建造人工洞穴和"蟹岛"。

4.3.1.3 防逃设施

池塘的堤坝四周内侧设置水泥板、瓷砖、尼龙网片等防逃设施，高度高出池水面 50cm。

4.3.2 浅海笼养

4.3.2.1 浮筏

主要由木板、浮子组成，以桩缆固定于海底。

4.3.2.2 蟹笼

浮筏上吊挂单层或多层蟹笼。

4.3.2.3 网箱

用 8 目网布做底网，四周用 16 目网布与底部相接做成网箱。网箱底部四角挂沙袋，上沿四周设防逃网。

5 放养

5.1 放养准备

5.1.1 池塘养殖

5.1.1.1 清淤

青蟹收获后，清除过厚淤泥，反复冲洗，并排干池水，封闸晒池，整修堤坝、闸门等。

5.1.1.2 消毒

放苗前 15d 用药物消毒，清塘药物及使用方法见表1。清塘用药后的废水排放应符合 SC/T 9103。

表 1　清塘药物及使用方法

渔药名称	用量，mg/L	休药期，d	注意事项
氧化钙（生石灰）	350～400	≥10	不能与漂白粉、有机氯、重金属盐、有机络合物混用
漂白粉（有效氧≥25%）	50～80	≥2	1. 不应用金属物品盛装；2. 不应与酸、铵盐、生石灰混用
二氧化氯	1	≥10	1. 不应用金属物品盛装；2. 不应与其他消毒剂混用
茶籽饼	15～20	≥7	粉碎后用水浸泡一昼夜，稀释后连渣全池泼洒

5.1.1.3　进水

药性消失后，过滤进水 20cm，至放苗前 2d～3d 加水至 1m。

5.1.2　笼养

蟹笼在放苗前用 20mg/L～30mg/L 高碘酸溶液进行消毒。

5.2　蟹苗

5.2.1　来源

分天然捕捞的苗种和人工培育的苗种，以天然苗种为主。自然海区 4 月至 11 月均产苗种，夏季苗发汛期 5 月初至 7 月底，秋季苗发汛期 8 月中下旬至 10 月底。人工培育的苗以 5 月初至 6 月底为宜。

5.2.2　规格

用于人工养殖的蟹苗要求放养稚蟹Ⅲ期个体，甲壳宽 8mm，壳硬、色青、规格整齐、附肢齐全、无伤、反应灵敏、活力强。5 月中上旬收购或捕捞自然海区的"白苗"集中进行中间培育至稚蟹Ⅲ期后放养。

5.3　放养

5.3.1　放养时间、放养数量、放养规格因养殖模式、上市规格和时间要求不同灵活掌握。专养的放养模式见表 2；混养塘青蟹的放养量减半，见表 3；笼养放养模式见表 4。

表 2　池塘专养

放养时间	苗种规格，mm	放养密度，只/hm²	饲养时间	预计收获时间	备注
4 月～6 月	甲壳宽 8.0～16.0	15 000～22 500	4 个月～5 个月	8 月～10 月	
	甲壳宽 16.0～36.0	12 000～15 000			
9 月～10 月	甲壳宽 8.0～16.0	22 500～30 000	9 个月～10 个月	翌年 5 月～7 月	越冬后数量不足，3 月～4 月补放
	甲壳宽 25.0～36.0	15 000～22 500			

表 3 池塘混养

放养时间	苗种规格，mm	放养密度，只/hm²	饲养时间	预计收获时间	备注
4 月～6 月	甲壳宽 8.0～16.0 甲壳宽 16.0～36.0	7 500～11 250 6 000～7 500	4 个月～5 个月	8 月～10 月	
9 月～10 月	甲壳宽 8.0～16.0 甲壳 16.0～36.0	11 250～15 000 7 500～11 250	9 个月～10 个月	翌年 4 月～6 月	越冬后数量不足，3 月～4 月补放

表 4 浅海笼养

放养时间	苗种规格 g/只	饲养时间	养成规格 g/只	预计收获时间	备注
5 月～10 月	7×10⁻³	35 天	30		采用网箱进行中间培育
5 月～10 月	50～200	1 个月～2 个月	250～500	育肥为主，根据市场行情随时上市	以补海区天然苗为主
11 月～12 月	250 以上	1 个月～2 个月	500	春节前后	膏蟹，体肢无伤、无残、无病

5.3.2 选择晴好天气，上风头、多点放养；风浪大、阴雨天不宜放苗。养殖地与苗种来源地的盐度差应小于 3。

6 饲养管理

6.1 投饲技术

6.1.1 饲料种类

养殖饲料以寻氏肌蛤、红肉蓝蛤、鸭咀蛤、淡水螺蛳等小型贝类为主。提倡投喂专用配合饲料。饲料安全和卫生质量符合 NY 5072 和 GB 13078 的规定。

6.1.2 投饲量

根据季节、天气、水温、潮汐、水质等环境因子，结合实际摄食情况，合理确定。投喂动物肉鲜重与青蟹个体大小关系见表 5。中间培育日投饲量开始为青蟹幼苗体重 100%～200%，以后日投饲量占青蟹苗种体重百分比逐渐减少，但日投饲量逐渐增加。在水温低于 13℃或高于 30℃时应减少投饲量，低于 8℃停止投饲。

表 5 动物肉鲜重日投饲率

甲壳宽，cm	日投饲率，%
3～4	30

（续）

甲壳宽，cm	日投饲率，%
5～6	20
7～8	15
9～10	10～12
11 以上	5～8

6.1.3　投饲方法

6.1.3.1　池塘养殖在池四周均匀撒投，池中央不应投饲。早晚各投一次，傍晚占总投饲量的 70％。

6.1.3.2　笼养则将蟹笼起水后投喂，1d～2d 投喂一次。

6.2　水质管理

6.2.1　水质要求

进水水质应符合 NY 5052 规定，养殖塘 pH 控制在 7.8～8.6，最适盐度 8～26，溶解氧≥5mg/L，氨氮≤0.5mg/L，硫化氢≤0.1mg/L，化学耗氧量≤4mg/L，池水透明度 30cm～40cm。

6.2.2　管理措施

6.2.2.1　换水

水位以保持在 1m 为宜，高温期和低温期升至 1.2m～1.5m。小潮以添水为主，以 3d～4d 换水一次为宜，大潮时尽量换水，日换水量 20％～30％，高温季节增至 50％～70％。海区水质不佳，可适当延长换水间隔时间，换水前后应避免池水盐度变化幅度过大，应控制在 3 以内。提倡换水后及时泼洒水体解毒剂，做好解毒抗应激等稳水措施。

6.2.2.2　改善水质和底质

不定期地使用光合细菌、沸石粉等微生物制剂和天然水质改良剂。在蟹种入池前 3d～7d，用菌液浓度大于 10 亿个/mL 的光合细菌全池泼洒 10mg/L，以后每隔 7d～10d 泼洒 5mg/L。沸石粉在养殖期间泼洒，每隔 15d～30d 泼洒 100mg/L～150mg/L。

6.2.2.3　消毒水体

用生石灰 25mg/L 或漂白粉 2mg/L，每隔 7d 交替消毒水体。使用消毒剂时，应停用光合细菌等微生物制剂。

6.2.2.4　尾水处理

养殖废水不应直接排放到海区，经处理达到 SC/T 9103 要求后排放。

7 日常管理

7.1 巡池

7.1.1 池塘养殖每天早晚各巡池一次，检查闸门、堤坝、防逃等设施和水色、水位、青蟹活动、摄食情况，及时清除残饵、病死蟹。在雷雨前或闷热天的傍晚及日出前或下大雨后盐度突变时，应加强巡池和观察。

7.1.2 笼养及时清除残饵、病死蟹，洗刷蟹笼，适时补种。风浪较大时，在蟹笼底加砖块、碎石、沙袋等，减轻风浪冲击造成的摆动。

7.2 测量与记录

养成期间定期测量水温、盐度、pH 等理化指标和青蟹的壳宽、体重等生长指标，按《水产养殖质量安全管理规定》做好养殖生产记录和用药记录。

7.3 越冬管理

7.3.1 池塘养殖

从自然水温下降到 10℃时开始，至翌年水温回升到 12℃～14℃结束，应采取越冬措施：越冬前 1 个月，投喂优质鲜饵；过冬穴居前，尽量降低水位；冬眠期尽量加高水位；越冬后期（3 月底）观察青蟹出洞情况，水温 12℃时开始少量投喂优质饲料，14℃后适当增加投饲量等措施。

7.3.2 笼养

根据水温调整蟹笼吊挂深度，在水温度≥10℃坚持投喂饵料，水温＜10℃时将蟹笼提至室内或起捕。

8 病害防治

采取"以防为主、防治结合、防重于治"原则，药物防治应符合 NY 5071 规定。青蟹养殖期间的主要病害及防治方法参见附录 C。

9 收捕与运输

9.1 规格

个体规格≥200g 可上市。

9.2 方法

9.2.1 池塘内青蟹的起捕在大潮讯时在闸门附近捞网捕、笼捕，夜间用饲料诱捕、灯光照捕，排干池水后可用耙捕、手捉、钩捕等方法。

9.2.2 笼养青蟹将蟹笼提出水面起捕即可。

9.3 运输

夏季运输前，连箩筐浸于清新海水中数分钟，运输途中适当淋水，用水水质应符合 NY 5052 的规定。长距离宜在低温冷藏车运输。冬季宜采用保温措施。运输工具应清洁、无异味，并防晒、防有害物质污染。

10　标准化养殖模式图

三门青蟹标准化养殖模式图参见附录 D。

附录 A

（资料性附录）

三门青蟹的形态特征

A.1 三门青蟹的形态特征

三门青蟹头胸甲呈卵圆形，长度等于或略小于宽度的 2/3；背面圆突，有"H"形图案；表面光滑，胃心沟不甚明显；额具有 4 个齿，前侧缘具有大小相近的 9 个齿，比光滑的后侧缘长，小触角折叠几乎横断。

螯足粗大，表面光滑，长度比步足长，螯足长节前缘有 3 个刺，后节 2 个刺，1 个位于末端，1 个位于中间；腕节内缘具尖锐的刺，外缘具或不具 2 个刺，刺的长度因种类而异；掌节在靠腕节边缘具强刺，在靠指节基部有一对刺，刺的长度因种类不同而异；内侧紧挨腕节处有一结核状凸起；座节不具刺，长方格状沟明显，前后具刷状毛边缘。

第二至第四对步足相似，第五对步足末端 2 节呈浆状，适于游泳。甲壳颜色因种类和生活环境不同，呈深绿色、黄绿色、橄榄绿色等，步足具或不具网格状斑纹。

雄性腹部分为 5 节，第三至第五节愈合，呈宽三角形；雌性腹部分 7 节，呈宽卵形，具或不具网格状斑纹。

附录 B

（资料性附录）

三门青蟹的要求

B.1 感官特征

青背、黄肚、金爪、绯钳，壳薄、螯大，蟹黄黄白色，脂膏橙黄色，蟹肉洁白细嫩。

B.2 分类

分为肉蟹和膏蟹两类。

B.3 等级

三门青蟹等级指标应符合表 B.1 规定。

表 B.1 三门青蟹等级指标

项　　目		一级	二级	三级
外观		体表清洁、甲壳青绿色，有光泽		
活力		活泼有力，反应敏捷		
鳃		鳃丝清晰、白色或微褐色，无异味，无异臭味		
寄生虫（蟹奴）		不得检出		
气味		具有活蟹固有鲜、腥味，无异味		
组织		肉质紧密有弹性，不易剥离，蟹黄凝固不流动		
甲壳		无斑病点	斑病点极少	斑病点少
螯足		附肢齐全	缺 1 个步足	缺 2 个~3 个步足
体重与壳高比（g/mm）	肉蟹	≥3.1	≥2.9	≥2.7
	膏蟹	≥3.5	≥3.2	

B.4 理化特征

粗蛋白≥14%、粗脂肪≥4%、谷氨酸≥1.5%、甘氨酸≥0.6%、丙氨酸≥0.6%。

附录 C

（资料性附录）

养殖期间常见病害及防治方法

表 C.1　养殖期间常见病害及防治方法

疾病名称	发病季节	症　状	发病原因	防治方法
白斑病毒病	6月上旬至7月中旬，9月至10月	病蟹活力下降，螯足活动力降低，折断关节可见血凝固性下降，同塘脊尾白虾先于蟹出现死亡，是本病的重要诊断指标	白斑综合征病毒感染	1. 发病高峰前一周用生石灰25mg/L或漂白粉2mg/L消毒；2. 发病期用0.3mg/L二溴氯海因或0.3mg/L溴氯海因消毒水体3d；3. 发病前一周采用青蟹免疫增强剂投喂3d～4d，可有效预防；4. 混养脊尾白虾应进行病毒检测
黄水病（白芒病/红芒病）	5月下旬至6月底，9月至10月	病蟹消瘦，体色暗，关节膜处呈黄色或浊白色，病蟹爬上塘堤或涂面上死亡。死亡率达30%～80%。折断关节，可挤出浊白色的脓水，打开蟹盖，有浊白色组织液沉积。镜检，如可见大量活动细菌，为弧菌感染；如可见大量圆形细胞，为血卵涡鞭虫感染	盐度骤降、气温骤升，引起弧菌及血卵涡鞭虫感染	1. 及时排出低盐水更换新鲜海水；2. 定期用生石灰25mg/L或漂白粉2mg/L消毒；3. 发病期用0.3mg/L二溴氯海因或0.3mg/L溴氯海因消毒水体3d；4. 发病初期时用免疫增强剂与兽用杀虫药混合拌料投喂有较好效果
青蟹昏睡病（清水病）	9月中旬至11月上旬多发，5月下旬至6月少量发生	病蟹活力下降，口吐泡沫，螯足活动力降低，蟹步足颤抖；打开蟹盖，可见大量透明不凝固血液和体液，胃中充满透明液体，鳃充水，肠道透明。部分病蟹可出现昏睡（假死）症状，蟹体不动，但心脏依然跳动	呼肠孤病毒感染，发生一般与多雨、水体盐度突然下降、气温突然变化等应激有关。越冬收购青蟹多见	1. 发病后无有效防治方法，重点在于减少因天气、降雨及密度过高引起的应激；2. 发病期用0.3mg/L二溴氯海因或0.3mg/L溴氯海因消毒水体3d；3. 收购后用于越冬的青蟹拟采用青蟹免疫增强剂投喂3d～4d，可减少疾病发生

（续）

疾病名称	发病季节	症　状	发病原因	防治方法
纤毛虫病	6月至10月	体表长黄绿色及棕色绒毛状物，行动迟缓，晚期周身被附着物，鳃丝受损、呼吸困难、食欲减退、生长停滞、不蜕壳。发病率90%、死亡率20%～30%	池水富营养化，纤毛虫等附着	1.换水；2.硫酸锌、硫酸铜及其复配制剂全塘泼洒，隔天泼洒氯制剂消毒。用量参照使用说明
黄黑斑病	6月至10月，高峰期6月至7月	背甲底部和螯足基部出现黄色或褐色的斑点，螯足活动机能力减或脱落，剖开甲壳检查，鳃部可见辣椒籽般大小的浅褐色异物。病程长死亡率高，仅次于黄水病	连续高温、水质不良、投喂变质饲料	1.换水；2.定期用生石灰25mg/L或漂白粉2mg/L消毒；3.已发病的塘用0.2mg/L溴氯海因消毒水体3天
蜕壳不遂		蟹头胸甲后缘与腹部交界处出现裂症口，不能蜕去旧壳，导致蟹死亡	池水缺氧、蟹体缺钙、甲壳灰素等物质	1.加注新水；2.投放少量沸石；3.饲料中添加钙、甲壳素等

附录 D

（资料性附录）

三门青蟹标准化养殖模式图

| 三门青蟹 | 池塘养殖 | 苗种放养 | 水质管理 | 投饲管理 | 浅海笼养 |

一、环境要求

无污染源的内湾中高潮区，泥沙底质的沿海、河口、港湾，水质符合 NY 5052，其他环境要求符合 GB/T 18407.4，盐度 8～26。

二、池塘养殖

（一）养殖池

专养塘 0.2hm² ～0.3hm²，混养塘 0.7hm² ～2.0hm²，水探 1m～1.5m。挖深 0.5m～1.0m，宽 2m～6m 的中央沟和环沟，沟滩比 1：3。设进水、排水闸门与拦网设施，进水闸安过滤网、排水闸安防逃网，池塘四周内侧安高出池水面 50cm 防逃设施，池塘内设人工洞穴和"蟹岛"。

（二）清淤消毒

清除过厚淤泥，反复冲洗；排干池水，封闸晒塘；整修堤坝、闸门等。蟹苗放养前 15 天用药物消毒，常见消毒药物有生石灰、漂白粉、二氧化氯、茶籽饼：药物使用方法：生石灰 350mg/L～400mg/L，漂白粉（有效氯≥25％）50mg/L～80mg/L，二氧化氯 1mg/L，茶籽饼 15mg/L～20mg/L。药性消失后，过滤进水 20cm，至放苗前 2d～3d 加水至 1m。

（三）苗种放养

1. 规格

蟹苗要求放养稚蟹Ⅲ期个体，甲壳宽 8mm，壳硬、色青、规格整齐、附肢齐全、无伤、反应灵敏、活力强。5 月中上旬收购或捕捞自然海区的"白苗"集中进行中间培育至稚蟹Ⅲ期后放养。

2. 放养

专养池，4 月～6 月放养甲壳宽 8.0～16.0mm 的蟹苗，密度为

15 000 只/hm²～22 500 只/hm²；放养甲壳宽 16.0mm～36.0mm 的蟹苗，密度为 12 000 只/hm²～15 000 只/hm²；9 月～10 月放养甲壳宽 8.0mm～16.0mm 的蟹苗，密度为 22 500 只/hm²～30 000 只/hm²；放养甲壳宽 16.0mm～36.0mm 的蟹苗，密度为 7 500 只/hm²～11 250 只/hm²。混养塘青蟹的放养量减半。

（四）饲养管理

饲料以寻氏肌蛤、红肉蓝蛤、鸭咀蛤、淡水螺蛳等小型贝类为主。提倡投喂专用配合饲料。饲料安全和卫生质量符合 NY 5072 和 GB 13078 的规定。

投喂量按表 1。中间培育日投饲量开始为青蟹幼苗体重 100％～200％，以后日投饲量占青蟹苗种体重百分比逐渐减少，但日投饲量逐渐增加。在水温低于 13℃或高于 30℃时应减少投饲量，低于 8℃停止投饲。投饲方法为池四周均匀撒投，池中央不投饲；早晚各 1 次，傍晚占总投饲量的 70％。

表 1　动物肉鲜重日投饲率

甲壳宽，cm	日投饲率，％
3～4	30
5～6	20
7～8	15
9～10	10～12
11 以上	5～8

（五）水质管理

水位保持在 1m，高温期和低温期升至 1.2m～1.5m。

小潮以添水为主，一般 3d～4d 换水一次；大潮时尽量换水，日换水量 20％～30％，高温季节增至 50％～70％。提倡换水后及时泼洒水体解毒剂，做好解毒抗应激等稳水措施。不定期地使用光合细菌、沸石粉等微生物制剂和天然水质改良剂。消毒剂应与光合细菌等微生物制剂分开使用。养殖尾水经处理达到 SCT 9103 要求后排放。

（六）日常管理

池塘养殖每天早晚各巡池一次，检查闸门、堤坝、防逃等设施和水色、水位、青蟹活动、摄食情况，及时清除残饵、病死蟹。特殊天气应加强巡池和观察。养成期间定期测量水温、盐度、pH 等理化指标和青蟹的壳宽、体重等生长指标，按《水产养殖质量安全管理规定》做好养殖生产记录和用药记录。

（七）越冬管理

从自然水温下降到 10℃时开始，至翌年水温回升到 12℃～14℃结束。越冬前 1 个月，投喂优质鲜饵；过冬穴居前，尽量降低水位；冬眠期尽量加高水位；越冬后期（3 月底左右）观察青蟹出洞情况，水温 12℃时开始少量投喂优质饲料，14℃后适当增加投饲量等。

三、浅海笼养

（一）养殖设施

主要由木板、浮子组成浮筏，以桩缆固定于海底。浮筏上吊挂单层或多层蟹笼，材质一般为塑料。用 8 目网布做底网，四周用 16 目网布与底部相接做成网箱。网箱底部四角挂沙袋，上沿四周设防逃网。

（二）蟹笼消毒

蟹笼在放苗前用 20mg/L～30mg/L 的高碘酸溶液进行消毒。

（三）苗种放养

1. 中间培育

采用网箱进行中间培育，放养时间为 5 月～10 月，苗种规格 $7×10^3$ g/只，饲养 35d 可达 30g/只。

2. 规格

育肥为主，放养时间为 5 月～10 月的，苗种放养规格为 50g/只～200g/只，根据市场行情随时上市；放养时间为 11 月～12 月的，苗种放养规格 250g/只以上，预计春节前后可上市。

（四）饲养管理

同池塘养殖。

（五）日常管理

及时清除残饵、病死蟹，洗刷蟹笼，适时补种。风浪较大时，在蟹笼底加砖块、碎石、沙袋等，减轻风浪冲击造成的摆动。

（六）越冬管理

根据水温调整蟹笼吊挂深度，在水温度≥10℃坚持投喂饵料，水温＜10℃时将蟹笼提至室内或起捕。

四、病害防治

采取"以防为主、防治结合、防重于治"原则，药物防治应符合 NY 5071 规定。青蟹养殖期间的主要病害及防治方法见表 2。

温冷藏车运输。冬季宜采用保温措施。运输工具应清洁、无异味，并防晒、防有害物质污染。

表2 养殖期间常见病害及防治方法

疾病名称	发病季节	防治方法
白斑病毒病	6月上旬至7月中旬，9月～10月	1. 发病高峰前一周用生石灰25mg/L或漂白粉2mg/L消毒；2. 发病期用0.3mg/L二溴氯海因或0.3mg/L溴氯海因消毒水体3d；3. 发病前一周采用青蟹免疫增强剂投喂3d～4d，可有效预防；4. 混养脊尾白虾应进行病毒检测
黄水病（白芒病/红芒病）	5月下旬至6月底，9月～10月	1. 及时排出低盐水更换新鲜海水；2. 定期用生石灰25mg/L或漂白粉2mg/L消毒；3. 发病期用0.3mg/L二溴氯海因或0.3mg/L溴氯海因消毒水体3d；4. 发病初期时用免疫增强剂与兽用杀虫药混合拌料投喂有较好效果
青蟹昏睡病（清水病）	9月中旬至11月上旬多发，5月下旬至6月少量发生	1. 发病后无有效防治方法；重点在于减少因天气、降雨及密度过高引起的应激；2. 发病期用0.3mg/L二溴氯海因或0.3mg/L溴氯海因消毒水体3d；3. 收购后用于越冬的青蟹拟采用青蟹免疫增强剂投喂3d～4d，可减少疾病发生
纤毛虫病	6月～10月	1. 换水；2. 硫酸锌、硫酸铜及其复配制剂全塘泼洒，隔天泼洒氯制剂消毒。用量参照使用说明
黄黑斑病	6月～10月，高峰期6月～7月	1. 换水；2. 定期用生石灰25mg/L或漂白粉2mg/L消毒；3. 已发病的塘用0.2mg/L溴氯海因消毒水体3d
蜕壳不遂		1. 加注新水；2. 投放少量沸石；3. 饲料中添加钙、甲壳素等

五、收捕与运输

个体规格≥200g可上市。池塘内青蟹的起捕在大潮讯时在闸门附近捞网捕、笼捕，夜间用饲料诱捕、灯光照捕，排干池水后可用耙捕、手捉、钩捕等方法。

浅海笼养将蟹笼提出水面起捕即可。

夏季运输前，连箩筐浸于清新海水中数分钟，运输途中适当淋水，用水水质应符合NY 5052的规定。

附录 4 无公害食品 锯缘青蟹养殖技术规范
(NY/T 5277—2004)

1 范围

本标准规定了锯缘青蟹（*Scylla serrata*）无公害养殖的环境条件、苗种培育、食用蟹饲养、病害防治技术。

本标准适用于无公害锯缘青蟹苗种繁育和池塘养殖，其他养殖方式可参照执行。

2 规范性引用文件

下列文件中的条款通过本标准的引用而成为本标准的条款。凡是注日期的引用文件，其随后所有的修改单（不包括勘误的内容）或修订版均不适用于本标准，然而，鼓励根据本标准达成协议的各方研究是否可使用这些文件的最新版本。凡是不注日期的引用文件，其最新版本适用于本标准。

GB 11607 渔业水质标准

GB 13078 饲料卫生标准

NY 5052 无公害食品 海水养殖用水水质

NY 5071 无公害食品 渔用药物使用准则

NY 5072 无公害食品 渔用配合饲料安全限量

《水产养殖质量安全管理规定》中华人民共和国农业部令（2003）第〔31〕号

3 环境条件

3.1 产地环境

选择远离污染源，进排水方便，通讯、交通便利，有淡水水源，沙泥底或泥沙底质。

3.2 水源水质

潮流畅通，水源水质应符合 GB 11607 的要求。养殖用水水质应符合 NY 5052 的要求。育苗用水盐度 28～30，养殖用水盐度 5～22，pH7.5～8.9，溶解氧 5mg/L 以上，氨氮 0.5mg/L 以下，硫化氢 0.1mg/L 以下，透明度 30cm～40cm。

3.3 池塘条件

3.3.1　亲蟹培育池

以室内水泥池为宜，规格 15m²～30m²，三分之二池底铺细沙 10cm～15cm 厚，沙上方用砖瓦搭建蟹窠，水深 0.5m～0.8m；土池规格 600m²～1 000m²，沙泥底质，池底向闸门方向倾斜，池底坡度为 3%～5%，保持有一定面积的露空浅滩，塘埂四周具防逃设施。

3.3.2　中间培育池

从大眼幼体至仔蟹Ⅰ、Ⅱ期培育用室内水泥池，池子规格 15m²～30m²，池中悬挂网片，仔蟹Ⅰ、Ⅱ期至期培育使用面积 500m²～800m² 沙泥底质土池，水深 0.6m～0.8m，除去池底部污泥，在排水口处挖一集蟹槽，大小为 2m²，槽底部低于池底 20cm，塘埂四周具防逃设施。

3.3.3　精养、混养池

面积 0.3hm²～3.0hm²，水深 1.2m～l.5m，设进排水闸门和防逃网。

3.3.4　低坝高网围养池

面积 0.3hm²～1hm²，有排水闸门，堤上四周围网高于当地最高潮位 0.8m～1m，网片下沿深埋泥下 30cm～50cm，退潮后能蓄水 0.6m～1m。

4　苗种培育

4.1　设施

应有控温、充气、控光、进排水和水处理设施。

4.2　亲蟹培育

4.2.1　亲蟹选择

选择自然海区或亲蟹专养池健壮活泼、肢体完整，无外伤，体表无附着物，经交配后个体重 300g 以上，卵巢成熟，并充满甲壳的母蟹，抱卵蟹要求卵块轮廓完整，人工养成的种蟹控制在三代以内。

4.2.2　强化培育

视生产需求确定升温促熟时机，每天升温 0.5℃，至 27℃～28℃恒温，按体重的 5%～8%足量投喂活体贝类或新鲜贝肉、沙蚕等优质鲜活饲料；隔天排干池水干露 1h，及时清除残饵，换水，充氧，保持水质清新，此方法同样适用于繁殖季节捕获的成熟亲蟹的强化培育。

4.3　苗种培育和管理

4.3.1　布幼方法和布幼密度

将卵色呈灰黑色、胚体心跳达 150 次/min 以上的抱卵亲蟹，经消毒处理后，放入网笼或塑料网格箱中直接移入育苗池内孵幼，也可采用在 0.5m³～1m³ 玻璃钢桶或小型水泥池中集中孵幼，幼体孵出后停气，移幼，幼体密度以

$8×10^4$尾/m³～$15×10^4$尾/m³为宜。

4.3.2 水温控制

溞状Ⅰ期至大眼幼体期培育水温28℃～29℃，日温差不超过1℃，发育至仔蟹Ⅰ期后逐渐降低温度至放养水温。

4.3.3 饲料投喂

海水小球藻、微绿球藻等单细胞藻类应全过程投喂，密度维持在$20×10^4$个/mL～$30×10^4$个/mL；溞状Ⅰ期、Ⅱ期阶段投喂轮虫，密度维持在20个/mL～30个/mL，溞状Ⅲ期至Ⅴ期阶段投喂卤虫无节幼体，密度维持在5个/mL～10个/mL，大眼幼体和仔蟹投喂卤虫成体和贝肉碎片，卤虫成体密度维持在2个/mL～3个/mL，贝肉碎片日投饲量按苗体重100%分4次投喂。

4.3.4 水质管理

视水质情况更换池水，充气增氧，使溶解氧含量保持在5mg/L以上，溞状Ⅴ期后，可酌情实行换池和分池。

5 食用蟹饲养

5.1 蟹种来源

人工培育蟹苗和天然捕捞蟹苗，外购苗种需进行检疫。

5.2 蟹种质量

选体质健壮、肢体完整、爬行迅速、反应灵敏、无病无伤的青壳蟹苗。

5.3 放养密度

大眼幼体培育至仔蟹Ⅰ、Ⅱ期3 000只/m²～3 500只/m²；仔蟹Ⅰ、Ⅱ期培育至Ⅴ、Ⅵ期蟹种45只/m²～60只/m²；养成池：以放养Ⅴ、Ⅵ期蟹种计，精养池10 000只/hm²～12 000只/hm²；作为辅养品种，2 250只/hm²～5 500只/hm²。

5.4 饲养管理

5.4.1 水质控制

视水质情况，适时换水。仔蟹中间培育期间，应保证每天10cm的换水量；食用蟹养殖前期以添水为主，中后期在大潮期间换水2次～3次，日换水量20%～30%。高温或低温季节应提高塘内水位，暴雨后及时排去上层淡水。不定期投放微生态制剂和水质改良剂，改善水质和底质。

5.4.2 饲料投喂

为低值贝类和海捕小杂鱼虾及专用配合饲料，配合饲料质量应符合GB 13078和NY 5072的要求。中间培育期间，日投饲量以放养蟹苗重的100%～200%投喂，每次蜕壳后增加50%。养成阶段投喂鲜杂鱼虾、低值贝类的推荐量见表1，并通过放置池内的饲料观察网随时调整投饲量，水温低于18℃、高于32℃时减少投饲量，12℃以下停止投喂。投饲地点选择在池塘四周的固定滩面上。中间培育期间，每天投喂3次～4次，养成期间，早晚各投喂一次，傍晚占总投饲量的60％～70％。

表1　锯缘青蟹养成期不同生长阶段投饲率表

生长阶段	规格只/kg	日投饲率％
Ⅴ～Ⅶ	600～300	100～50
Ⅶ～Ⅷ	300～170	50～30
Ⅷ～Ⅹ	170～80	30～15
Ⅹ以上		15～10

注1：日投饲率为每天投喂的饲料数量占池内蟹总重的百分比。
注2：低值贝类应以实际出肉率计算。

5.4.3　日常管理记录

养成期间，按《水产养殖质量安全管理规定》的格式做好养殖生产记录和用药记录。

6　病害防治

6.1　苗种培育期

对培养用水进行沉淀、过滤、消毒，可用紫外线、臭氧等物理方法消毒处理，合理选择微生态制剂和水质改良剂，预防药物可使用0.5mg/L～1mg/L土霉素、新诺明，在变态前交替使用。

6.2　养成期

可采取以下措施：

a）干塘清淤消毒，清塘药物及使用方法参见附录A；

b）放养优质苗种；

c）投喂优质饲料；

d）定期使用微生态制剂和水质改良剂，通过换水、增氧等手段改善水质并保持温度、盐度的相对稳定。锐壳前交替使用生石灰15mg/L、二氧化氯0.2mg/L～0.3mg/L消毒水体；

e）发现患病死蟹应及时捞出，查找原因，采取相应措施，传染性病害死蟹应做深埋处理。

常见病害治疗方法见表2。

表2 锯缘青蟹常见病害治疗方法

病名	发病季节	主要症状	防治方法
蟹奴	5月~8月	寄生虫病，主要寄生在蟹的腹部，使蟹的腹节不能包被，患病雌蟹性腺发育不良，雄蟹躯体瘦弱	1. 选种苗和检查蟹时，剔除蟹奴；2. 0.7mg/L硫酸铜和硫酸亚铁合剂（5：2）全池泼洒，一般1次，病重者15d后再用1次
白芒病	多雨季节，盐度突降	病蟹基节的肌肉呈乳白色，折断步足会流出白色黏液	加大换水量，提高盐度，发病时，土霉素拌饵投喂：每千克配合饲料0.5g~1.0g，连续投喂5d
红芒病	高温干旱季节，盐度突然升高	病蟹步足基节肌肉呈红色，步足流出红色黏液	加注淡水，调节池水盐度
蜕壳不遂症	越冬后及养殖后期	病蟹头胸甲后缘与腹部交界处已出现裂口，但不能蜕去旧壳	适当调节盐度，加大换水量，投放生石灰15mg/L~25mg/L，投喂小型甲壳类和贝类

注：渔药的休药期按NY 5071执行，蟹、贝混养池应慎用硫酸铜或用其他药物替代。

7 食用蟹起捕与吐沙

用流网、蟹笼、排水、干塘等方法起捕，捆绑后青蟹应在洁净海水中流水吐沙0.5h。

附录 A

（资料性附录）

锯缘青蟹常用清塘药物及使用方法

表 A.1　锯缘青蟹常用清塘药物及使用方法

渔药名称	用量，mg/L	休药期，d	注意事项
氧化钙（生石灰）	350～400	≥10	不能与漂白粉、有机氯、重金属盐、有机络合物混用
漂白粉（有效氧≥25%）	50～80	≥1	1. 勿用金属物品盛装；2. 勿与酸、铵盐、生石灰混用
二氧化氯	1	≥10	1. 勿用金属物品盛装；2. 勿与其他消毒剂混用
茶籽饼	15～20	≥3	粉碎后用水浸泡一昼夜，稀释后连渣全池泼洒

注：清塘用药后的废水排放应注意对周围环境的影响。

附录 5 无公害食品 渔用药物使用准则
(NY 5071—2002，代替 5071—2001)

1 范围

本标准规定了渔用药物使用的基本原则、渔用药物的使用方法以及禁用渔药。

本标准适用于水产增养殖中的健康管理及病害控制过程中的渔药使用。

2 规范性引用文件

下列文件中的条款通过本标准的引用而成为标准的条款。凡是注日期的引用文件，其随后所有的修改单（不包括勘误的内容）或修订版均不适用于本标准，然而，鼓励根据本标准达成协议的各方研究是否可使用这些最新版本。凡是不注日期的引用文件，其最新版本适用于本标准。

NY 5070 无公害食品水产品中渔药残留限量

NY 5072 无公害食品渔用配合饲料安全限量

3 术语和定义

下列术语和定义适用于本标准。

3.1 渔用药物 fishery drugs

用以预防、控制和治疗水产动植物的病、虫、害，促进养殖品种健康生长，增强机体抗病能力以及改善养殖水体质量的一切物质，简称"渔药"。

3.2 生物源渔药 biogenic fishery medicines

直接利用生物活体或生物代谢过程中产生的具有生物活性的物质或从生物体提取的物质作为防治水产动物病害的渔药。

3.3 渔用生物制品 fishery biopreparate

应用天然或人工改造的微生物、寄生虫、生物毒素或生物组织及其代谢产物为原材料，采用生物学、分子生物学或生物化学等相关技术制成的、用于预防、诊断和治疗水产动物传染病和其他有关疾病的生物制剂。它的效价或安全性应采用生物学方法检定并有严格的可靠性。

3.4 休药期 withdrawal time

最后停止给药日至水产品作为食品上市出售的最短时间。

4　渔用药物使用基本原则

4.1　渔用药物的使用应以不危害人类健康和不破坏水域生态环境为基本原则。

4.2　水生动植物增养殖过程中对病虫害的防治，坚持"以防为主，防治结合"。

4.3　渔药的使用应严格遵循国家和有关部门的有关规定，严禁生产、销售和使用未经取得生产许可证、批准文号与没有生产执行标准的渔药。

4.4　积极鼓励研制、生产和使用"三效"（高效、速效、长效）、"三小"（毒性小、副作用小、用量小）的渔药，提倡使用水产专用渔药、生物源渔药和渔用生物制品。

4.5　病害发生时应对症用药，防止滥用渔药与盲目增大用药量或增加用药次数、延长用药时间。

4.6　食用鱼上市前，应有相应的休药期。休药期的长短，应确保上市水产品的药物残留限量符合 NY 5070 要求。

4.7　水产饲料中药物的添加应符合 NY 5072 要求，不得选用国家规定禁止使用的药物或添加剂，也不得在饲料中长期添加抗菌药物。

5　渔用药物使用方法

各类渔用药物的使用方法见表 1。

表 1　渔用药物使用方法

渔药名称	用途	用法与用量	休药期, d	注意事项
氧化钙（生石灰）calcii oxydum	用于改善池塘环境，清除敌害生物及预防部分细菌性鱼病	带水清塘：200mg/L～250mg/L（虾类：350m/L～400mg/L）全池泼洒：20mg/L（虾类：15mg/L～30mg/L）		不能与漂白粉、有机氯、重金属盐、有机络合物混用
漂白粉 bleaching powder	用于清塘、改善池塘环境及防治细菌性皮肤病、烂鳃病出血病	带水清塘：20mg/L 全池泼洒：1.0mg/L～1.5mg/L	≥5	1. 勿用金属容器盛装 2. 勿与酸、铵盐、生石灰混用
二氯异氰尿酸钠 sodium dichloroisocyanurate	用于清塘及防治细菌性皮肤溃疡病、烂鳃病、出血病	全池泼洒：0.3mg/L～0.6mg/L	≥10	勿用金属容器盛装
三氯异氰尿酸 trichlorosisocyanuric acid	用于清塘及防治细菌性皮肤溃疡病、烂鳃病、出血病	全池泼洒：0.2mg/L～0.5mg/L	≥10	1. 勿用金属容器盛装 2. 针对不同的鱼类和水体的 pH，使用量应适当增减

（续）

渔药名称	用途	用法与用量	休药期，d	注意事项
二氧化氯 chlorine dioxide	用于防治细菌性皮肤病、烂鳃病、出血病	浸浴：20mg/L～40mg/L，5min～10min 全池泼洒：0.1mg/L～0.2mg/L，严重时0.3mg/L～0.6mg/L	≥10	1. 勿用金属容器盛装 2. 勿与其他消毒剂混用
二溴海因	用于防治细菌性和病毒性疾病	全池泼洒：0.2mg/L～0.3mg/L		
氯化钠（食盐） sodium choiride	用于防治细菌、真菌或寄生虫疾病	浸浴：1‰～3‰，5min～20min		
硫酸铜 （蓝矾、胆矾、石胆） copper sulfate	用于治疗纤毛虫、鞭毛虫等寄生性原虫病	浸浴：8mg/L（海水鱼类：8mg/L～10mg/L），15min～30min 全池泼洒：0.5mg/L～0.7mg/L（海水鱼类：0.7mg/L～1.0mg/L）		1. 常与硫酸亚铁合用 2. 广东鲂慎用 3. 勿用金属容器盛装 4. 使用后注意池塘增氧 5. 不宜用于治疗小瓜虫病
硫酸亚铁 （硫酸低铁、绿矾、青矾） ferrous sulphate	用于治疗纤毛虫、鞭毛虫等寄生性原虫病	全池泼洒：0.2mg/L（与硫酸铜合用）		1. 治疗寄生性原虫病时需与硫酸铜合用 2. 乌鳢慎用
高锰酸钾 （锰酸钾、灰锰氧、锰强灰） potassium permanganate	用于杀灭锚头鳋	浸浴：10mg/L～20mg/L，15min～30min 全池泼洒：4mg/L～7mg/L		1. 水中有机物含量高时药效降低 2. 不宜在强烈阳光下使用
四烷基季铵盐络合碘 （季铵盐含量为50%）	对病毒、细菌、纤毛虫、藻类有杀灭作用	全池泼洒：0.3mg/L（虾类相同）		1. 勿与碱性物质同时使用 2. 勿与阴性离子表面活性剂混用 3. 使用后注意池塘增氧 4. 勿用金属容器盛装
大蒜 crow's treacle, garlic	用于防治细菌性肠炎	拌饵投喂：10g/kg体重～30g/kg体重，连用4d～6d（海水鱼类相同）		

（续）

渔药名称	用途	用法与用量	休药期，d	注意事项
大蒜素粉 （含大蒜素 10%）	用于防治细菌性肠炎	0.2g/kg 体重，连用4d～6d（海水鱼类相同）		
大黄 medicinal rhubarb	用于防治细菌性肠炎、烂鳃	全池泼洒：2.5mg/L～4.0mg/L（海水鱼类相同） 拌饵投喂：5g/kg 体重～10g/kg 体重，连用 4d～6d（海水鱼类相同）		投喂时常与黄芩、黄柏合用（三者比例为5∶2∶3）
黄芩 raikai skullcap	用于防治细菌性肠炎、烂鳃、赤皮、出血病	拌饵投喂：2g/kg 体重～4g/kg 体重，连用4d～6d（海水鱼类相同）		投喂时常与大黄、黄柏合用（三者比例为2∶5∶3）
黄柏 amur corktree	用于防防治细菌性肠炎、出血	拌饵投喂：3g/kg 体重～6g/kg 体重，连用4d～6d（海水鱼类相同）		投喂时常与大黄、黄芩合用（三者比例为3∶5∶2）
五倍子 Chinese sumac	用于防治细菌性烂鳃、赤皮、白皮、疖疮	全池泼洒：2mg/L～4mg/L（海水鱼类相同）		
穿心莲 common andrographis	用于防治细菌性肠炎、烂鳃、赤皮	全池泼洒：15mg/L～20mg/L 拌饵投喂：10g/kg 体重～20g/kg 体重，连用4d～6d		
苦参 lightyellow sophora	用于防治细菌性肠炎、竖鳞	全池泼洒：1.0mg/L～1.5mg/L 拌饵投喂：1g/kg 体重～2g/kg 体重，连用 4d～6d		
土霉素 oxytetracycline	用于治疗肠炎病、弧菌病	拌饵投喂：50mg/kg 体重～80mg/kg 体重，连用4d～6d（海水鱼类相同，虾类：50mg/kg 体重～80mg/kg 体重，连用 5d～10d）	≥30（鳗鲡） ≥21（鲶鱼）	勿与铝、镁离子及卤素、碳酸氢钠、凝胶合用
噁喹酸 oxolinic acid	用于治疗细菌肠炎病、赤鳍病、香鱼、对虾弧菌病、鲈鱼结节病、鲕鱼疖疮病	拌饵投喂：10mg/kg 体重～30mg/kg 体重，连用5d～7d（海水鱼类 1mg/kg 体重～20mg/kg 体重；对虾：6mg/kg 体重～60mg/kg 体重，连用 5d）	≥25（鳗鲡） ≥21（鲤鱼、香鱼） ≥16（其他鱼类）	用药量视不同的疾病有所增减

（续）

渔药名称	用途	用法与用量	休药期，d	注意事项
磺胺嘧啶（磺胺哒嗪）sulfadiazine	用于治疗鲤科鱼类的赤皮病、肠炎病，海水鱼链球菌病	拌饵投喂：100mg/kg体重连用5d（海水鱼类相同）		1. 与甲氧苄氨嘧啶（TMP）同用，可产生增效作用 2. 第一天药量加倍
磺胺甲噁唑（新诺明、新明磺）sulfamethoxazole	用于治疗鲤科鱼类的肠炎病	拌饵投喂：100m/kg体重，连用5d～7d		1. 不能与酸性药物同用 2. 与甲氧苄氨嘧啶（TMP）同用，可产生增效作用 3. 第一天药量加倍
磺胺间甲氧嘧啶（制菌磺、磺胺-6-甲氧嘧啶）sulfamonomethoxine	用于鲤科鱼类的竖鳞病、赤皮病及弧菌病	拌饵投喂：50m/kg体重～100mg/kg体重，连用4d～6d	≥37（鳗鲡）	1. 与甲氧苄氨嘧啶（TMP）同用，可产生增效作用 2. 第一天药量加倍
氟苯尼考 florfenicol	用于治疗鳗鲡爱德华氏病、赤鳍病	拌饵投喂：10.0mg/kg体重，连用4d～6d	≥7（鳗鲡）	
聚维酮碘（聚乙烯吡咯烷酮碘、皮维碘、PVP-1、伏碘）（有效碘1.0%）povidone-iodine	用于防治细菌烂鳃病、弧菌病、鳗鲡红头病。并可用于预防病毒病：如草鱼出血病、传染性胰腺坏死病、传染性造血组织坏死病、病毒性出血败血症	全池泼洒：海、淡水幼鱼、幼虾：0.2mg/L～0.5mg/L；海、淡水成鱼、成虾：1mg/L～2mg/L；鳗鲡：2mg/L～4mg/L 浸浴：草鱼种：30mg/L，15min～20min；鱼卵：30mg/L～50mg/L（海水鱼卵25mg/L～30mg/L），5min～15min		1. 勿与金属物品接触 2. 勿与季铵盐类消毒剂直接混合使用

注1：用法与用量栏未标明海水鱼类与虾类的均适用于淡水鱼类。

注2：休药期为强制性。

6 禁用渔药

严禁使用高毒、高残留或具有三致毒性（致癌、致畸、致突变）的渔药。严禁使用对水域环境有严重破坏而又难以修复的渔药，严禁直接向养殖水域泼洒抗生素，严禁将新近开发的人用新药作为渔药的主要或将要成分。禁用渔药见表2。

表2　禁用渔药

药　物　名　称	化学名称（组成）	别　名
地虫硫磷 fonofos	0-2 基-S 苯基二硫代磷酸乙酯	大风雷
六六六 BHC（HCH）Benzem，bexachloridge	1,2,3,4,5,6-六氯环己烷	
林丹 lindane，agammaxare，gamma-BHC gamma-HCH	γ-1,2,3,4,5,6-六氯环己烷	丙体六六六
毒杀芬 camphechlor（ISO）	八氯莰烯	氯化莰烯
滴滴涕 DDT	2,2-双（对氯苯基）-1,1,1-三氯乙烷	
甘汞 calomel	二氯化汞	
硝酸亚汞 mercurous nitrate	硝酸亚汞	
醋酸汞 mercuric acetate	醋酸汞	
呋喃丹 carbofuran	2,3-氢-2,2-二甲基-7-苯并呋喃-甲基氨基甲酸酯	克百威、大扶农
杀虫脒 chlordimeform	N-（2-甲基-4-氯苯基）N′，N′-二甲基甲脒盐酸盐	克死螨
双甲脒 anitraz	1,5-双-（2,4-二甲基苯基）-3-甲基1,3,5-三氮戊二烯-1,4	二甲苯胺脒
氟氯氰菊酯 flucythrinate	（R，S）-α-氰基-3-苯氧苄基-（R，S）-2-（4-二氟甲氧基）-3-甲基丁酸酯	保好江乌氟氰菊酯
五氯酚钠 PCP-Na	五氯酚钠	
孔雀石绿 malachite green	$C_{23}H_{25}CIN_2$	碱性绿、盐基块绿、孔雀绿
锥虫胂胺 tryparsamide		
酒石酸锑钾 anitmonyl potassium tartrate	酒石酸锑钾	
磺胺噻唑 sulfathiazolum ST，norsultazo	2-（对氨基苯碘酰胺）-噻唑	消治龙
磺胺脒 sulfaguanidine	N_1-脒基磺胺	磺胺胍
呋喃西林 furacillinum，nitrofurazone	5-硝基呋喃醛缩氨基脲	呋喃新
呋喃唑酮 furazolidonum，nifulidone	3-（5-硝基糠叉胺基）-2-噁唑烷酮	痢特灵
呋喃那斯 furanace，nifurpirinol	6-羟甲基-2-［5-硝基-2-呋喃乙烯基］吡啶	P-7138（实验名）

（续）

药　物　名　称	化学名称（组成）	别　名
氯霉素（包括其盐、酯及制剂）chloramphennicol	由委内瑞拉链霉素生产或合成法制成	
红霉素 erythromycin	属微生物合成，是 *Streptomyces eyythreus* 生产的抗生素	
杆菌肽锌 zinc bacitracin premin	由枯草杆菌 *Bacillus subtilis* 或 *B. licheniformis* 所产生的抗生素，为一含有噻唑环的多肽化合物	枯草菌肽
泰乐菌素 tylosin	*S. fradiae* 所产生的抗生素	
环丙沙星 ciprofloxacin（CIPRO）	为合成的第三代喹诺酮类抗菌药，常用盐酸盐水合物	环丙氟哌酸
阿伏帕星 avoparcin		阿伏霉素
喹乙醇 olaquindox	喹乙醇	喹酰胺醇羟乙喹氧
速达肥 fenbendazole	5-苯硫基-2-苯并咪唑	苯硫哒唑氨甲基甲酯
己烯雌酚（包括雌二醇等其他类似合成等雌性激素）diethylstilbestrol，stilbestrol	人工合成的非甾体雌激素	乙烯雌酚，人造求偶素
甲基睾丸酮（包括丙酸睾丸素、去氢甲睾酮以及同化物等雄性激素）methyltestosterone，metandren	睾丸素 C_{17} 的甲基衍生物	甲睾酮甲基睾酮

附录 6　海水密度盐度查对表

温度/at	0.0	1.0	2.0	3.0	4.0	5.0	6.0	7.0	8.0	9.0	10.0	11.0	12.0	13.0	14.0	15.0	16.0	17.0	18.0	19.0	20.0	21.0	22.0	23.0	24.0	25.0	26.0	27.0	28.0	29.0	30.0
0.0				2.7	4.0	5.2	6.4	7.7	8.8	10.2	11.3	12.7	13.8	15.0	16.3	17.5	18.8	20.0	21.3	22.5	23.8	25.0	26.3	27.5	28.8	30.0	31.3	32.5	33.8	35.0	36.1
1.0				2.6	3.9	5.1	6.3	7.6	8.8	10.1	11.3	12.6	13.8	15.0	16.3	17.5	18.8	20.1	21.3	22.5	23.8	25.0	26.3	27.5	28.8	30.0	31.3	32.6	33.8	35.1	36.2
2.0				2.4	3.7	5.1	6.2	7.5	8.8	10.1	11.3	12.5	13.8	15.0	16.3	17.5	18.8	20.1	21.3	22.5	23.8	25.0	26.3	27.5	28.8	30.1	31.3	32.6	33.8	35.1	36.3
3.0				2.4	3.7	5.1	6.2	7.5	8.8	10.0	11.2	12.5	13.8	15.0	16.3	17.5	18.8	20.1	21.3	22.6	23.9	25.1	26.4	27.6	28.9	30.2	31.4	32.7	33.9	35.2	36.4
4.0				2.4	3.7	5.1	6.2	7.5	8.8	10.0	11.2	12.5	13.8	15.0	16.3	17.5	18.8	20.1	21.3	22.6	24.0	25.1	26.5	27.6	28.9	30.3	31.4	32.7	34.0	35.2	36.5
5.0				2.4	3.7	5.1	6.2	7.5	8.8	10.0	11.3	12.6	13.8	15.1	16.4	17.6	18.9	20.2	21.4	22.7	24.1	25.2	26.5	27.8	29.0	30.3	31.6	32.9	34.1	35.4	36.7
6.0				2.4	3.7	5.1	6.3	7.6	8.8	10.0	11.3	12.6	13.8	15.1	16.5	17.7	19.0	20.3	21.5	22.8	24.1	25.3	26.6	27.9	29.1	30.4	31.7	33.0	34.2	35.5	36.8
7.0				2.5	3.8	5.1	6.4	7.7	9.0	10.1	11.4	12.7	14.0	15.3	16.6	17.8	19.1	20.4	21.6	22.9	24.1	25.4	26.7	28.1	29.2	30.5	31.8	33.2	34.3	35.6	36.9
8.0				2.6	3.9	5.1	6.4	7.7	9.0	10.2	11.5	12.8	14.1	15.4	16.7	17.9	19.2	20.4	21.7	23.0	24.2	25.5	26.8	28.2	29.3	30.6	31.9	33.3	34.4	35.7	37.0
9.0				2.6	3.9	5.2	6.5	7.8	9.1	10.3	11.6	12.9	14.2	15.5	16.8	18.1	19.3	20.6	21.9	23.2	24.4	25.7	27.0	28.3	29.5	30.8	32.1	33.4	34.6	35.9	37.2
10.0				2.7	4.0	5.3	6.6	8.0	9.3	10.4	11.7	13.1	14.4	15.7	16.9	18.2	19.4	20.7	22.0	23.3	24.6	25.8	27.1	28.4	29.7	31.0	32.3	33.6	34.8	36.1	37.4
11.0				2.9	4.2	5.4	6.7	8.0	9.3	10.6	11.9	13.2	14.5	15.8	17.0	18.3	19.6	20.9	22.2	23.5	24.8	26.0	27.3	28.6	29.9	31.2	32.5	33.8	35.0	36.3	37.6
12.0				3.0	4.3	5.5	6.8	8.1	9.4	10.7	12.0	13.4	14.7	16.0	17.1	18.4	19.7	21.1	22.4	23.7	24.9	26.2	27.5	28.8	30.1	31.4	32.7	34.0	35.2	36.5	37.8
13.0				3.1	4.4	5.7	7.0	8.3	9.6	10.9	12.2	13.4	14.7	16.1	17.3	18.6	19.9	21.3	22.6	23.9	25.1	26.4	27.7	29.0	30.3	31.6	32.9	34.2	35.5	36.8	38.1

（续）

温度/at	0.0	1.0	2.0	3.0	4.0	5.0	6.0	7.0	8.0	9.0	10.0	11.0	12.0	13.0	14.0	15.0	16.0	17.0	18.0	19.0	20.0	21.0	22.0	23.0	24.0	25.0	26.0	27.0	28.0	29.0	30.0
14.0				3.3	4.6	5.9	7.2	8.5	9.8	11.1	12.4	13.6	14.9	16.2	17.5	18.8	20.1	21.5	22.8	24.1	25.3	26.6	27.9	29.2	30.5	31.8	33.1	34.4	35.7	37.0	38.4
15.0			2.0	3.4	4.7	6.0	7.3	8.6	9.9	11.2	12.5	13.8	15.1	16.4	17.7	19.0	20.3	21.7	23.0	24.3	25.5	26.8	28.1	29.4	30.7	32.0	33.4	34.7	36.0	37.3	38.7
16.0			2.3	3.6	4.9	6.2	7.5	8.8	10.1	11.4	12.7	14.0	15.3	16.6	17.9	19.2	20.5	21.9	23.2	24.5	25.8	27.1	28.4	29.7	31.0	32.3	33.7	35.0	36.3	37.6	38.9
17.0			2.5	3.7	5.1	6.4	7.7	9.0	10.3	11.6	12.9	14.2	15.5	16.9	18.2	19.5	20.8	22.1	23.4	24.7	26.1	27.4	28.7	30.0	31.3	32.6	33.9	35.2	36.5	37.8	39.2
18.0			2.8	4.0	5.4	6.7	8.0	9.3	10.6	11.9	13.2	14.4	15.7	17.1	18.4	19.7	21.0	22.3	23.6	24.9	26.2	27.6	28.9	30.2	31.5	32.8	34.1	35.4	36.8	38.2	39.5
19.0			3.0	4.3	5.6	6.9	8.2	9.5	10.8	12.1	13.4	14.7	16.0	17.3	18.6	19.9	21.3	22.6	23.9	25.2	26.6	27.9	29.2	30.5	31.8	33.1	34.4	35.7	37.1	38.5	39.8
20.0		1.8	3.2	4.5	5.9	7.2	8.5	9.8	11.1	12.4	13.7	15.0	16.3	17.6	18.9	20.2	21.6	22.9	24.2	25.5	26.9	28.2	29.5	30.8	32.1	33.4	34.7	36.1	37.4	38.8	40.1
21.0		2.1	3.4	4.7	6.1	7.4	8.7	10.0	11.3	12.7	14.0	15.3	16.6	17.9	19.2	20.6	21.9	23.2	24.5	25.9	27.2	28.5	29.8	31.2	32.5	33.8	35.1	36.4	37.7	39.1	40.4
22.0		2.4	3.7	5.0	6.4	7.7	9.0	10.3	11.6	13.0	14.3	15.6	16.9	18.3	19.6	20.9	22.3	23.6	24.9	26.3	27.6	28.9	30.3	31.6	32.9	34.3	35.6	36.9	38.1	39.5	40.8
23.0		2.7	4.0	5.3	6.6	7.9	9.2	10.6	11.9	13.3	14.6	15.9	17.3	18.6	19.9	21.3	22.6	23.9	25.3	26.6	28.0	29.3	30.6	32.0	33.3	34.7	36.0	37.3	38.5	39.8	41.1
24.0		2.9	4.3	5.6	7.0	8.3	9.6	10.9	12.2	13.6	14.9	16.3	17.6	18.9	20.3	21.6	22.9	24.3	25.6	26.9	28.3	29.6	30.9	32.3	33.6	34.9	36.2	37.5	38.8	40.1	41.2
25.0	1.9	3.2	4.5	5.8	7.3	8.6	9.9	11.2	12.5	13.8	15.1	16.6	17.7	19.2	20.5	21.8	23.2	24.5	25.8	27.1	28.5	29.8	31.1	32.4	33.8	35.1	36.4	37.7	39.1	40.4	
26.0	2.3	3.6	4.9	6.2	7.6	8.9	10.3	11.6	12.9	14.2	15.5	17.0	18.2	19.6	20.9	22.3	23.6	24.9	26.3	27.6	28.9	30.3	31.6	32.9	34.3	35.6	36.9	38.2	39.5	40.8	
27.0	2.6	3.9	5.2	6.6	7.9	9.2	10.6	11.9	13.3	14.6	15.9	17.3	18.6	20.0	21.3	22.6	24.0	25.3	26.6	28.0	29.3	30.6	32.0	33.3	34.6	36.0	37.3	38.6	39.9	41.2	
28.0	2.9	4.3	5.6	7.0	8.3	9.6	11.0	12.3	13.7	15.0	16.3	17.7	19.0	20.4	21.7	23.0	24.4	25.7	27.0	28.4	29.7	31.0	32.4	33.7	35.1	36.4	37.7	39.0	40.3		
29.0	3.2	4.7	6.0	7.3	8.6	10.0	11.3	12.6	14.0	15.4	16.7	18.0	19.4	20.7	22.1	23.4	24.7	26.1	27.4	28.7	30.1	31.4	32.7	34.1	35.4	36.8	38.1	39.4	40.7		

注：1. at 表示海水密度计读数；表值（at）＝（读数－1）×1 000；2. 海水盐度单位为 S‰。

参 考 文 献

艾春香，李少菁，王桂忠，等，2005. 锯缘青蟹系列配合饲料饲养试验［J］. 福建农业学报，20（4）：217-221.

艾春香，刘建国，林琼武，等，2007. 青蟹的营养需求研究及其配合饲料研制［J］. 水产学报，31（增刊）：122-128.

艾春香，林琼武，李少菁，等，2006. 蟹类的营养需求研究及其配合饲料研制［J］. 厦门大学学报（自然科学版），45（增刊2）：205-212.

艾春香，林琼武，王桂忠，等，2005. 锯缘青蟹的营养需求及其健康养殖［J］. 福建农业学报，20（4）：222-227.

曹华，2005. 锯缘青蟹工厂化人工育苗及高涂蓄水养成技术［J］. 中国水产，10：45-47.

陈锦民，2005. 锯缘青蟹（*Scylla serra*）胚胎发育的基础研究［D］. 厦门：厦门大学.

陈宽智，1980. 东方对虾（*Penaees chinensis*）和三疣梭子蟹（*Portunus trituberculatus*）中枢神经系统解剖及十足目动物腹神经的形态比较［J］. 山东海洋学院学报，10（3）：91-99.

陈丽芝，2013. 锯缘青蟹浅海笼养技术研究［D］. 宁波：宁波大学.

丁朋晓，2007. 养殖锯缘青蟹暴发性流行病的初步研究［D］. 贵阳：贵州大学.

丁小丰，2009. 锯缘青蟹黄水病的血液指标及组织基因表达差异研究［D］. 宁波：宁波大学.

董兰芳，张琴，许明珠，等，2017. 饲料糖脂比对拟穴青蟹仔蟹生长性能、体组成和消化酶活性的影响［J］. 动物营养学报，29（3）：979-986.

古群红，2006. 锯缘青蟹无公害养殖技术［M］. 北京：海洋出版社.

归从时，2012. 海水蟹类高效生态养殖新技术——青蟹、梭子蟹［M］. 北京：海洋出版社.

韩青动，2006. 锯缘青蟹全人工育苗高产技术［J］. 水利渔业，26（4）：28-29.

黄海涛，2011. 温度、盐度、溶解氧、氨氮、亚硝酸盐氮对拟穴青蟹蜕壳的影响［D］. 广东：广东海洋大学.

黄辉洋，2001. 锯缘青蟹（*Scylla serra*）神经系统和消化系统内分泌细胞的研究［D］. 厦门：厦门大学.

黄金勇，吕晓民，魏国庆，等，2004. 锯缘青蟹人工育苗规模化试验［J］. 水产科学，23（11）：23-26.

黄伟卿，陈爱平，张艺，等，2018. 软颗粒饲料对"红膏蟹"培育生长、存活和营养成分影响［J］. 水产科学，37（5）：605-611.

黄伟卿，张艺，叶海辉，等，2017. "蟹公寓"培育红膏蟹养殖技术研究［J］. 科学养鱼（1）：35-36.

金秀琴，2000. 锯缘青蟹的人工每繁殖技术［J］. 科学养鱼（2）：28，32.

金中文，2014. 海水蟹类养殖技术［M］. 浙江科学技术出版社.

林琪，2008. 中国青蟹属种类组成和拟穴青蟹群体遗传多样性的研究［D］. 厦门：厦门大学.

林琪，李少菁，黎中宝，等，2007. 中国东南沿海青蟹属（*Scylla*）的种类组成 [J]. 水产学报，31（2）：211-219.

林琼武，刘涛，陈学雷，等，2014. 室外虾池笼养拟穴青蟹（*Scylla paramamosain*）的存活、蜕壳与生长 [J]. 福建水产，36（3）：234-240.

刘问，2010. 白斑综合征病毒对锯缘青蟹的致病性及致病机理研究 [D]. 宁波：宁波大学.

楼丹，2009. 养殖锯缘青蟹支原体病原的分离与鉴定 [D]. 贵阳：贵州大学.

路心平，2008. 青蟹属的系统进化及中国沿海拟穴青蟹的群体遗传结构研究 [D]. 北京：中国科学院大学.

马凌波，张凤英，乔振国，等，2006. 中国东南沿海青蟹线粒体 *COI* 基因部分序列分析 [J]. 水产学报，30（4）：463-468.

马洪雨，吴清洋，石西，等，2019. 拟穴青蟹池塘生态育苗技术研究 [J]. 科学养鱼（2）：12-13.

莫兆莉，潘红平，苏以鹏，等，2014. 不同水平大麦虫粉对锯缘青蟹的影响 [J]. 黑龙江畜牧兽医科技版，3（上）：160-162.

潘清清，2008. 锯缘青蟹免疫增强剂的筛选及在病害防控中的应用 [D]. 武汉：华中农业大学.

潘清清，王芳芳，陈萍，等，2015. 三门青蟹浅海笼养和越冬养殖试验 [J]. 中国水产（5）：67-70.

潘雪央，2017. 锯缘青蟹吊（笼）养技术试验 [J]. 水产渔业，11（34）：139.

潘玉敏，蔡恒辉，吕晓民，等，2003. 锯缘青蟹人工繁殖技术 [J]. 水产科学，22（1）：19-21.

齐计兵，乔振国，顾孝连，等，2015. 拟穴青蟹池塘育苗生物饵料的初步研究 [J]. 江苏农业科学，43（4）：233-236.

任福海，刘吉明，2010. 锯缘青蟹工厂化育苗技术 [J]. 河北渔业（1）：28-29.

上官步敏，刘正琮，李少菁，1991. 锯缘青蟹卵巢发育的组织学观察 [J]. 水产学报，15（2）：96-103.

申亚阳，2016. 广东沿海青蟹双顺反子病毒-1 与呼肠孤病毒的分子流行病学调查 [D]. 上海：上海海洋大学.

孙晓飞，花勃，2017. 室内工厂化循环水立体养殖锯缘青蟹技术 [J]. 中国水产，5：80-82.

檀东飞，吴国欣，林跃鑫，等，2000. 锯缘青蟹营养成分分析 [J]. 福建师范大学（自然科学版），16（4）：79-84.

王桂忠，叶海辉，李少菁，2012. 福建青蟹产业发展现状与对策 [J]. 福建水产，34（2）：87-90.

王立超，原涛，常忠岳，1998. 锯缘青蟹人工育苗试验 [J]. 海洋科学（3）：5-6.

吴清洋，2009. 汕头牛田洋锯缘青蟹病害发生的环境因素及中草药防治研究 [D]. 广州：汕头大学.

肖樊，2012. 锯缘青蟹呼肠孤病毒 RT-PCR 检测方法、宿主范围及克氏原螯虾感染模型研究 [D]. 武汉：华中师范大学.

徐海圣，舒妙安，邵庆均，等，2000. 锯缘青蟹常见病害及其防治技术［J］. 水产科学，19（5）：24-26.

叶海辉，李少菁，黄辉洋，等，2002. 锯缘青蟹精巢发育的组织学观察［J］. 动物学研究，32（2）：141-144.

于忠利，王建钢，于吉芝，等，2010. 放幼密度对青蟹育苗的影响［J］. 科学养鱼（7）：46-47.

曾朝曙，李少菁，曾辉，2001. 锯缘青蟹（*Scylla serra*）幼体形态观察［J］. 湛江海洋大学学报，21（6）：1-6.

张胜负，2011. 光照对拟穴青蟹幼体生长发育的影响［D］. 上海：上海海洋大学.

赵春民，2005. 锯缘青蟹全人工育苗的技术关键［J］. 科学养鱼（3）：10-11.

周俊芳，房文红，胡琳琳，等，2012. 白斑综合征病毒（WSSV）在拟穴青蟹体内增殖研究［J］. 海洋渔业，34（1）：71-75.

周凯，房文红，乔振国，2006. 锯缘青蟹血细胞的形态及分类［J］. 中国水产科学，13（2）：211-216.

周素琴，2006. 环境胁迫对养殖锯缘青蟹主要免疫因子的影响［D］. 青岛：中国海洋大学.

朱小明，邹清，李少菁，等，2006. 我国南方沿海虾塘的青蟹养殖［J］. 厦门大学学报（自然科学版），45（增刊2）：256-260.

Johansson M W，Söderhäll K，1988. Isolation and purification of a cell adhesion factor from crayfish blood cells［J］. J Cell Biol，106：1795-1803.

Sandeman，DC，Sandeman，RE，Derby，C，Sehmidt，M，1992. Morphology of the brain of crayifsh，erabs，and spiny lobsters：A common nomenelature for homologous structures. Bio. Bull. ，183：304-326.

Söderhäll K，Smith V J，Johansson M W，1986. Exocytosis and uptake of bacteria by isolated haemocyte populations of two crustaceans：evidence for cellular cooperation in the defence reactions of arthropods［J］. Cell Tissue Res，245：4-49.

［科技苑］青蟹
"别墅"养海鱼
轮当家 20181203

［科技苑］养在
盒子里的螃蟹
（20130822）

［每日农经］钻泥
打洞的青蟹好
赚钱 20170414

［农广天地］锯缘
青蟹养殖
（20160327）

锯缘青蟹的
养殖技术（上）

锯缘青蟹的
养殖技术（下）

图书在版编目（CIP）数据

青蟹生物学与养殖技术/黄伟卿主编 . —北京：
中国农业出版社，2020.10
　　ISBN 978-7-109-26803-6

　　Ⅰ．①青… Ⅱ．①黄… Ⅲ．①青蟹－海水养殖　Ⅳ.
①S968.25

中国版本图书馆 CIP 数据核字（2020）第 115785 号

QINGXIE SHENGWUXUE YU YANGZHI JISHU

中国农业出版社出版

地址：北京市朝阳区麦子店街 18 号楼
邮编：100125
责任编辑：林珠英　黄向阳
版式设计：杜　然　责任校对：吴丽婷
印刷：北京中兴印刷有限公司
版次：2020 年 10 月第 1 版
印次：2020 年 10 月北京第 1 次印刷
发行：新华书店北京发行所
开本：700mm×1000mm　1/16
印张：11.25
字数：220 千字
定价：50.00 元